21世纪高等教育计算机规划教材

Python 程序设计

Python Programming

赵英良　主编

卫颜俊　仇国巍　郑义　编著

人民邮电出版社

北　京

图书在版编目（ＣＩＰ）数据

Python程序设计 / 赵英良主编；卫颜俊，仇国巍，郑义编著. —— 北京：人民邮电出版社，2016.5
21世纪高等教育计算机规划教材
ISBN 978-7-115-41834-0

Ⅰ．①P… Ⅱ．①赵… ②卫… ③仇… ④郑… Ⅲ．①软件工具—程序设计—高等学校—教材 Ⅳ．①TP311.56

中国版本图书馆CIP数据核字(2016)第036966号

内 容 提 要

本书以 Python 3.x 为编程环境，系统介绍了 Python 语言的特点、语法规则、应用方法以及程序设计的基本思想和基本方法。内容包括：Python 环境的基本使用方法、Python 的基本语法规则、数据类型（含列表等复杂类型）、运算符、表达式、控制结构、异常处理、函数、文件、迭代器、面向对象程序设计、图形界面程序设计、数据库程序设计以及网络程序设计等。书中贯穿的算法包括累加和的计算、排序、查找、一元非线性方程求根、积分、递推、递归、逻辑推理等。

本书内容全面、语言简练、实例丰富、习题量大，注重培养计算机程序求解问题的思维方式。本书可作为高等学校计算机程序设计课程的教材或参考书，也可供程序设计爱好者、工程技术和软件开发人员学习参考。

◆ 主　　编　赵英良
　　编　　著　卫颜俊　仇国巍　郑　义
　　责任编辑　邹文波
　　责任印制　沈　蓉　彭志环

◆ 人民邮电出版社出版发行　　北京市丰台区成寿寺路 11 号
　　邮编　100164　　电子邮件　315@ptpress.com.cn
　　网址　http://www.ptpress.com.cn

印张：13.5　　　　　　　2016 年 5 月第 1 版
字数：354 千字　　　　　2016 年 5 月北京第 1 次印刷

定价 39.00 元

读者服务热线：(010)81055256　印装质量热线：(010)81055316
反盗版热线：(010)81055315

五年前我接触到了 Python，当初只是觉得它是一种简单易学的语言，就用它作为学生学习算法的入门语言。因为要给学生讲，就需要不断学习，渐渐地，发现它非常强大，第三方的功能库也很多，使用非常方便。在这个上 GB 的时代，Python 的最新版的 IDE 安装包也只有二十多 MB。它的体积虽小，却既支持面向对象程序设计，又可编写图形界面软件，甚至可以在手机上编写手机应用程序。不少同事也喜欢上了这门语言，将它作为科研的工具。Python 有些功能让使用过多种语言的人印象深刻。比如，它变量的类型是可以改变的；函数的返回值可以有多个；函数的参数个数甚至可以是不确定的；实参的顺序和形参的顺序可以不同；赋值时，可以同时给多个变量赋值；典型的交换两个变量的值的三行程序，在 Python 中只要一行，等等。如果用其他语言，当你还在琢磨用什么数据结构，控制结构如何表达的时候，Python 一条语句就解决了。如果认识了 Python，用神奇、震撼形容它不足为过。所以，有一个愿望，愿意将它推荐给更多的人。

本书的特点如下。

（1）内容简洁，开门见山，直奔主题。

（2）内容比较全面，本书不仅较全面地介绍了 Python 的基本语法，还涉及网络编程、数据库编程和图形界面编程等较高级的编程内容。

（3）内容充实，每一部分都能使读者学到有用的知识。

本书语言简练、实例丰富、习题量大，不仅涵盖了 Python 的基础及特色语法知识，而且注重讲述计算机程序求解问题的思想方法。本书可作为高等学校计算机程序设计课程的教材或参考书，也可供程序设计爱好者、工程技术和软件开发人员学习参考。

本书由赵英良担任主编，卫颜俊、仇国巍、郑义共同编著，其中，赵英良编写了第 1 章、第 2 章、第 8 章，郑义编写了第 3 章，仇国巍编写了第 4 章、第 5 章、第 6 章，卫颜俊编写了第 7 章、第 9 章、第 10 章。本书在编写过程中得到国家级教学名师冯博琴教授的关心和帮助，在此表示感谢，同时也向参考文献的作者及相关人员表示感谢。

编 者

2016 年 3 月

第 1 章
Python 入门

计算机是一种自动计算装置。然而计算什么？怎么计算？需要人们以命令的形式告诉计算机。所有命令、符号及使用规则的集合，就是计算机语言。人们用自然语言写成文章，记录事实，表达意愿，交流信息。为了用计算机解决问题，人们需要按一定的顺序使用计算机命令，这种为解决问题，用计算机语言表达的命令的序列就是计算机程序。计算机程序及相关文档的集合称为计算机软件。没有计算机软件，再好的硬件也无法发挥其性能，所以有人称软件是计算机的"灵魂"。

1.1　计算机语言的发展

计算机语言的发展经历了机器语言、汇编语言和高级语言等几个阶段。

1. 机器语言

电子计算机是由电子元件和线路组成的，用电子信号表示数据和要执行的操作（也就是命令，计算机中称指令）。命令的表现形式就是"0""1"组成的序列。不同的序列，可以表示不同的指令，称为**指令的编码**，这样的编码系统称为**机器语言**。人们把要做的事情用机器语言的指令序列表达出来，这便是计算机程序（机器语言程序）。机器语言是计算机可以直接"理解"的语言，机器语言的程序是计算机可以"看得懂"的"文件"，它可以遵照执行，完成人们交给它的任务。

机器语言用二进制数表示命令，计算机可以直接执行。然而，无论是程序的编写还是阅读，对于程序员来说，都是一件困难的事情，特别是当程序有错误时，要想查找并修改错误，更是非常困难，因为程序员看到的是一系列的数字。

2. 汇编语言

20 世纪 40 年代，研究人员为了简化程序设计的过程，开发了记号系统，使用单词的缩写符号来表示指令，而不再使用数字形式，这些符号称为**指令助记符**。同时也用符号表示数据（在汇编语言中称操作数）、数据的存放地址以及 CPU 中暂时存放数据的装置——寄存器（Register）等。例如，使用 ADD 表示加，MOV 表示移动数据，JZ 表示转移等。

用指令助记符、地址符号等符号表示的指令称为**汇编格式指令**（Assemble Instruction）。汇编格式指令及其表示和使用这些指令的规则，称为**汇编语言**(Assembly Language)。用汇编语言编写的程序称为**汇编语言程序**或**汇编语言源程序**，或简称**源程序**。

由于汇编语言使用了助记符和用符号表示数据的存储位置(称为存储单元的地址,简称地址),

因此它自然比机器语言更容易掌握和使用。然而，机器只能识别机器语言表示的指令，如"MOV CX,E024"要翻译为 B924E0H，所以用汇编语言编写的程序并不能被计算机直接执行，还需要将它们翻译为一系列的机器指令。实际上，翻译工作并不需要人来做，可以用机器语言编写一个程序来做这项工作，这个程序称为**汇编程序**（Assembler）。翻译的过程称为**汇编**（Assemble），翻译的结果称为**目标程序**（Object Program）。

汇编语言是在机器语言基础上的巨大进步，被称为第二代程序设计语言。然而，由于汇编格式指令是机器指令的符号表示，而不同的 CPU 能识别的机器指令可能是不同的，所以汇编格式指令与机器有着密切的关系，也就是说，就一种 CPU 编写的求解某一问题的程序在另一种 CPU 的机器上不一定能正确执行。另一个缺点是程序员在编写求解问题的程序时，不仅需要关心如何求解工程问题还需要考虑计算机中的寄存器、数据的存储位置、内存的容量等细节问题。所以机器语言、汇编语言又被人们称为**低级语言**。

3. 高级语言

1953 年，美国 IBM 公司的约翰·贝克斯(John W.Backus)向他的主管提出一项建议，开发一种更实用的计算机语言，代替汇编语言，为他们的计算机 IBM 704 编写程序，这就是 FORTRAN 语言（IBM mathematical Formula translating system）。1954 年，他完成了计算机语言的详细说明书的编写。1956 年 10 月第一本 FORTRAN 指南问世。1957 年 4 月第一个 FORTRAN 编译器被开发出来。约翰·贝克斯（John W.Backus）说："我的工作来源于懒惰。我不喜欢写程序，所以当我参加 IBM 704 项目，为计算弹道写程序时，我开始设计一套编程系统以使写程序更容易"。

从 FORTRAN 开始，计算机科学家又开发了多种语言，如 COBOL、BASIC、PASCAL、 C、C++等。它们的特点一是与机器无关，使用这些语言编写的程序可以较容易地移植到不同的计算机上；二是它们的命令注重描述解决问题的方法和步骤，而不是某种机器的指令。所以它们又称为**高级语言**。

高级语言的命令也是用单词或缩写符号来表示的，更接近于问题的求解方法，因而容易被人理解，但这样的程序也不能被计算机直接识别，所以，也需要翻译成机器语言命令的程序，这样的程序称为**编译器**（Complier）。通常，一条高级语言的命令（有时称为语句）编译后会对应几条机器指令。对不同的计算机系统，可能翻译后的机器指令序列也不同。

编译器一次将高级语言程序翻译成可执行的机器指令序列，以后再执行程序时不再需要翻译。还有另外一种翻译的策略，就是翻译的同时执行指令，实际是翻译一条高级语言命令，接着就执行这些机器指令，然后再翻译下一条高级语言命令并执行。这样的翻译方式称为**解释执行**，这样的翻译程序称为**解释器**（Interpreter）。

语言是一套规则，编译和解释是语言的实现方式。一般以编译方式实现的语言称为**编译型语言**，如 FORTRAN、C、C++等。一般以解释方式实现的语言称为**解释型语言**，如 BASIC、PHP、Python 等。但这种划分不是绝对的。

1.2　Python 简介

Python 是一种面向对象的解释型高级计算机程序设计语言，1989 年由吉多·范罗苏姆（Guio Van Rossum）开发设计。

1.2.1　Python 的特点

1. 简单

Python 的设计哲学是优雅、明确、简单。Python 关键字少，结构简单，语法清晰，易读，易维护。学习 Python 可以在短时间内轻松上手。Python 使用缩进格式。

2. 高级

Python 是高级语言，内置高级数据结构，程序员无需关心底层细节（如内存的分配和回收），可以更高效地编写求解工程、科学问题的应用程序。

3. 面向对象

Python 支持面向过程的编程，也支持面向对象的编程，还是一种函数式编程语言。

4. 可扩展

Python 提供丰富的 API 和工具，以便程序员能够轻松地使用 C、C++语言来编写扩充模块。

5. 免费和开源

Python 是自由/开放源码软件(Free/Libre and Open Source Software，FLOSS)，允许自由地发布此软件的拷贝，阅读和修改其代码，或将其中的一部分用于新的自由软件中。

6. 可移植

Python 程序可以在 Unix/Linux、Windows、Macintosh 等不同的平台上运行。

7. 丰富的库

Python 语言提供功能丰富的标准库，如网络、文件、数据库、图形界面、正则表达式、文档生成、单元测试等。用 Python 开发，许多功能不必从零编写，直接使用库中已有程序即可。除了内置的库外，Python 还有大量的第三方库，如科学计算库 NUmPy、SciPy、Matplotlib 等。自己编写的程序，也可以作为第三方库给别人使用。

8. 丰富的接口

Pytohn 提供面向其他系统和专用库的接口，如数据库管理系统、计算机视觉库 OpenCV、三维可视化库 VTK、医学图像处理库 ITK 等。还可以将 Python 嵌入 C、C++程序中。

Python 的应用非常广泛，如科学计算、自然语言处理、图形图像处理、游戏开发、日常管理小工具、系统管理、Web 应用等。许多大型网站就是用 Python 开发的，如 YouTube、Instagram。很多大公司的应用，包括 Google、Yahoo 等，甚至 NASA（美国航空航天局）都大量地使用 Python。在约 600 种计算机语言中，后起的 Python 受关注程度在逐年上升。

1.2.2　Python 的版本

Python 语言目前主要有两个版本：Python 2.x 和 Python 3.x。

Python 3.0 于 2008 年发布，为了不带入过多的累赘，没有考虑向下兼容。这使得 Python 2.x 的程序一般无法在 Python 3 环境下执行。由于大量的 Python 2 的程序库的存在，所以，尽管 Python 3 发布多年，目前版本已到 3.5，但 Python 2 的使用热度仍然不减。不过毕竟不断改进是趋势，本书采用 3.x 版本。对一般的学习来说，常见的 Python 2 和 Python 3 的区别之一是输出语句。Python 2 下使用：

```
print "Hello World"
```

在屏幕上显示 "Hello World"，而在 Python 3 中使用：

```
print("Hello World")
```

所以，不管是 Python 2 还是 Python 3，不管是书籍还是环境，都不太影响 Python 程序设计的学习。

1.2.3　Python 语言的实现

语言只是符号、语法、语义定义及使用规则的集合。使用这些规则编写的程序（就是 Python 源程序）并不能被计算机直接执行。解释执行 Python 源程序的程序叫做 Python 解释器。由解释器解释执行的过程就是 Python 的实现。Python 解释器有以下几种。

1. CPython

官方提供的解释器是用 C 语言实现的，所以称为 CPython。这是最常用的版本。本书使用的就是这样的解释器。

2. Jython

Jython 是使用 Java 语言实现的 Python 解释器，可以直接把 Python 代码编译成 Java 字节码执行。

3. IronPython

IronPython 是运行在微软.Net 平台上的 Python 解释器，可以直接把 Python 代码编译成.Net 的字节码。

4. PyPy

PyPy 是用 Python 语言实现的 Python 解释器，它的目标是提高执行速度。PyPy 采用 JIT 技术，对 Python 代码进行动态编译（而不是解释），所以可以显著提高 Python 代码的执行速度。

1.3　Python 编程环境

本节介绍 CPython 环境的安装和使用。

1.3.1　Python 环境的安装

1. 下载 Python 开发环境

读者可到 Python 官网下载 Python 开发环境。Python 支持多平台，用户下载适合自己平台的版本即可。Python 的 3.x 与 2.x 不太兼容。本书使用 3.x。编写本书时，Python 3 的最新版本是 3.4.2（Windows x86-64 MSI installer，64 位；Windows x86 MSI installer，32 位），3.5 版的 Alpha 版也已发布。如果读者与本书使用的版本不同，没有任何关系，这并不影响大家学习 Python 程序设计。Python 下载地址：http://www.python.org。

2. 安装

安装时采用默认安装即可。不过请注意一下安装路径，知道安装到哪个文件夹下，以后查找文件方便。Python 3.4.2 的默认安装路径是 C:\Python34。

1.3.2　Python 环境的使用

编写、编译和运行 Python 程序有以下 3 种方法。

1. 使用交互式解释器

在 Windows 开始菜单中找到安装的 Python 菜单项，选择"Python 3.4|Python3.4(command line..)"，启动 Python 的交互式解释器窗口（图 1-1）。

这是一个交互式解释执行 Python 程序的环境，其中的 ">>>" 常称为**提示符**，提示用户可以输入命令（或语句，或者说程序）。在提示符下输入 Python 语句，按回车键，系统就会立即执行这条语句。例如，输入 print("Hello Python")按回车键，它会在下一行显示 "Hello Python"，输入 "8+4"，它会在下一行显示 "12"（图 1-2）。

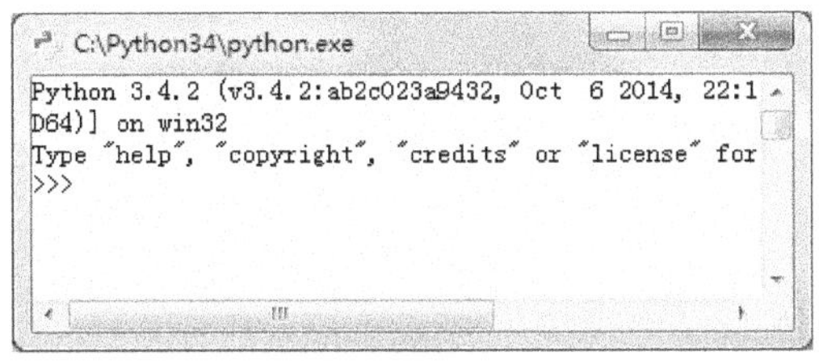

图 1-1　Python 交互式解释器

图 1-2　在交互式解释器中输入程序

使用解释器的好处就是马上能看到每一行程序的结果。但如果程序很长，这样一问一答的方式就显得啰唆。所以交互式解释器通常用于不长的程序、进行简单的计算、验证某条语句的写法、学习 Python 语法，有时也将它作为一个计算器使用。

2.　使用 Windows 命令行命令执行 Python 程序

（1）创建保存 Python 程序的文件夹。如在 C 盘根目录下创建 "prog_python" 文件夹。

（2）使用 Windows 自带的记事本，输入下列内容（每行顶格写）：

```
a=8
b=12
c=a+b
print(a,"+",b,"=",c)
```

（3）将写好的文件保存在 C:\prog_python 下，文件名为 py01.py。注意，保存时，选择保存类型为 "所有文件（*.*）"，编码选择 "UTF-8"（图 1-3）。

（4）执行 Windows 开始菜单附件中的 "命令提示符" 命令。打开 "命令提示符" 窗口，其中 ">" 也叫命令提示符，提示用户可以输入命令。在命令提示符下输入以下命令：

```
>c:\python34\python.exe c:\prog_python\py01.py
```

按回车键。结果显示：

```
8+12=20
```

就是刚才在记事本中输入的程序的执行结果（图 1-4）。

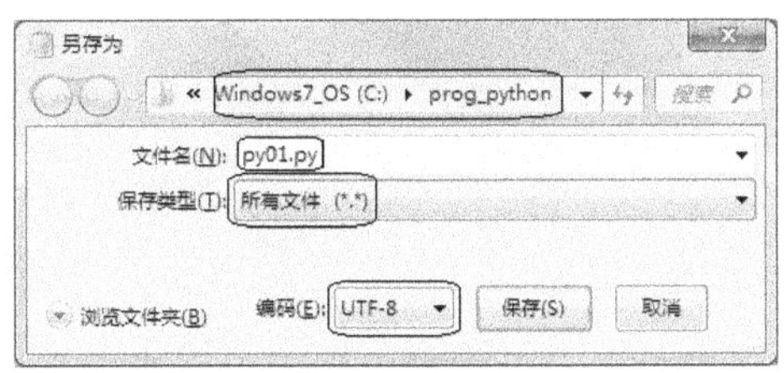

图 1-3　使用记事本保存文件

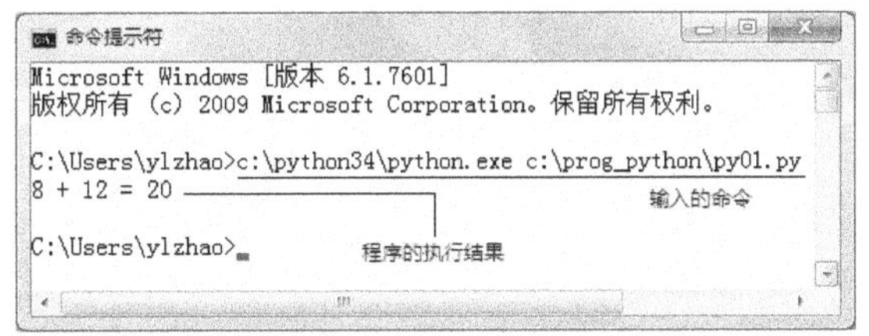

图 1-4　在 Windows 命令提示行中执行 Python 程序

输入的命令中，空格前是 Python 解释器所在的路径和解释器的可执行文件名，空格后是编写的 Python 程序的路径和文件名，就是用前面的解释器解释执行后面的程序。

3.　使用集成开发环境编写和执行 Python 程序

（1）启动软件。在 Windows 开始菜单中找到安装的 Python 菜单项，选择 "Python 3.4|IDLE(Python 3.4 GUI-64 bit)"，启动 Python 的集成开发窗口（图 1-5）。

这个窗口和图 1-1 窗口基本是一样的，实际也是一个交互式的窗口，在命令提示符 ">>>" 下也可以输入程序，一行一行交互执行。但也有不同，因为它有菜单栏。

（2）编写程序。执行 "File|New File" 命令或直接按 Ctrl+N 组合键，打开一个类似记事本的文本编辑窗口，在其中输入下列内容：

```
print("Hello World")
print("Hello Python")
```

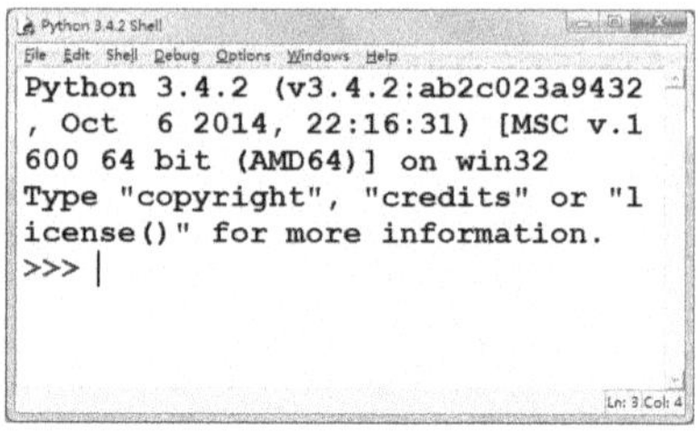

图 1-5　Python 的集成开发环境窗口

每一行都顶格写。使用 "File|Save As"（或 File|Save）保存文件，注意选择路径，保存的文件名后面一定写上 .py，如 py02.py（图 1-6）。

（3）执行程序。执行 "Run|Run Module" 菜单命令（或直接按 F5 键），在图 1-5 所示的窗口中显示结果（图 1-7）。

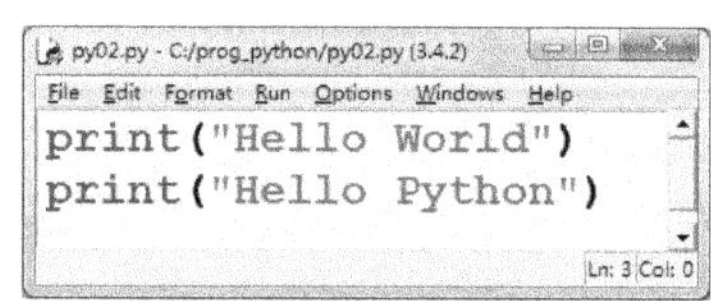

图 1-6　Python 集成环境的程序编辑窗口

图 1-7　Python 集成环境程序的执行结果

以后讲简单的语法时会使用交互式方式。编写稍复杂的程序时会使用集成方式，先编写文件，再执行 run 命令。

1.4　Python 基础

本节将通过几个简单的小程序来学习 Python 程序的基本编写方法。

1.4.1　实例 1：新年快乐

下面写一个新年贺卡的程序，类似 Hello World。

1. 实例：新年快乐

【例 1-1】编写程序，输入<人名 1>和<人名 2>，在屏幕上显示如下的新年贺卡：

```
###########################################
<人名 1>
     Happy New Year to you.

          Yours <人名 2>
###########################################
```

【解】

（1）在集成环境下创建新的 Python 程序文件，文件名为 "python0101.py"。

（2）编写文件的内容如下（注意，全部要顶格写）：

```
###################################
# 新年贺卡
# python0101.py
# 2016
###################################
name1=input("请输入收卡人:")
name2=input("请输入送卡人:")
print("###########################")
print(name1)
print()
print("Happy New Year to you.")
print()
print("          Yours ",name2)
print("###########################")
```

（3）运行程序，结果如图 1-8 所示。

对照结果看程序，程序最前面的五行，没有对应的输出结果，它们叫**注释**，是为读懂程序而作的说明，开头是"#"；后面每行程序与结果均有一行对应，前两行是输入，输入的名字分别用 name1 和 name2 表示，后面是若干行的输出，程序的双引号中的内容是照原样输出的，name1、name2 不加引号，输出的是它代表的内容，print 后面只写一对圆括号表示输出空行。

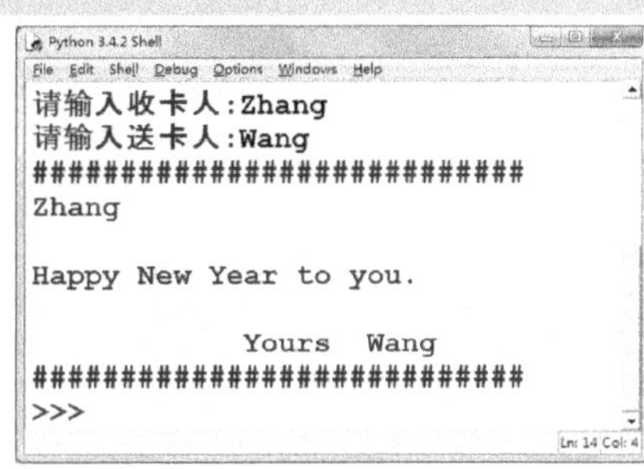

图 1-8　新年贺卡程序的运行结果

2. 输入 input

输入的基本格式是：

```
input([promt])
```

这是一个函数，函数名是 input，小括号中是它的参数，其中 prompt 是提示信息，如本例的 "请输入收卡人:"，方括号表示可选，即可以没有。这个函数接收用户从键盘上输入的一行字符，得到的是一个字符串。

所谓**字符串**就是一串字符，在 Python 中用一对单引号或一对双引号引起来表示字符串，例如，"Zhang"、'wang' 等就是字符串。注意，字符串和数有本质区别，即使它们都是由数字组成的。例如，"123"，用双引号引起来，表示是字符串，只是代号，没有"数量"的概念，在计算机中保存的是 1、2、3 三个数字的 ASCII 码；而 123，没有引号，表示数量一百二十三，在计算机中存储的是 123 的二进制补码形式。

本例中输入的是人名，是代号的概念，输入后分别用 name1 和 name2 表示，"="表示**赋值**，就是将等号右边的值赋给左边的符号。用 name1、name2 这样的符号表示数据，它们统称为**变量**。

3. 输出 print

在屏幕上显示信息，使用 print，基本格式是：

```
print([objects])
```

print 也是一个函数，objects 是参数，就是要输出的内容；可以没有，表示输出一个空行；如果有多个要输出的项目，多项用逗号隔开，如：

```
print("          Yours ",name2)
```

双引号中的内容称为**字符串常量**，照原样输出；不带双引号的 name2 是变量，输出它代表的内容。

1.4.2　实例 2：求直角三角形的斜边长度

【例 1-2】输入直角三角形的两个直角边的长度 a、b，求斜边 c 的长度，数学公式是：

$$c = \sqrt{a^2 + b^2}$$

【问题分析】先说输入。input()函数得到的是字符串，是不代表数量的，即使输入的是数字。如果要使输入的数字代表实数，前面加 float,将 input()写在一对圆括号中，如：

```
a=float(input("请输入直角边 1 的长度: "))
```

float 也称为一个函数，把 input()输入的内容作为参数了，将它转换为实数，再赋值给 a，a 就代表输入的实数了。

a 的平方，只要两个 a 相乘。Python 中，乘法用"*"号表示，如 a*a 就是 a 的平方。

最后是开方运算。由于开方运算比较复杂，一般程序员不自己写开方的程序，通常设计语言的人或他人已经将一些数学函数或编程人员常用的程序写好了，放在一个文件中。这个文件常称为库或程序库或函数库，Python 中叫模块。要使用其中的功能，只要将它们导入自己的程序。数学函数包含在名字叫 math 的模块中。导入 math 模块的方法是：

```
from math import *
```

其中，开方的函数是 sqrt(),使用格式是：

```
sqrt(x)
```

其中的 x 可以是实数或整数，必须大于等于 0。

【源程序】

```
####################################
# 勾股定理求斜边长度
# python0102.py
# 2016
####################################
from math import *
a=float(input("请输入斜边 1 的长度"))  #输入实数
b=float(input("请输入斜边 2 的长度"))  #输入实数
c=a*a+b*b       #计算,得到的是斜边的平方
c=sqrt(c)       #开方, 得到的是斜边长
print("斜边长为:",c) #显示, 一项是字符串, 一项是 c 表示的斜边长
```

【运行结果】

```
请输入斜边 1 的长度3
请输入斜边 2 的长度4
斜边长为: 5.0
```

【程序分析】本例学到了如何输入实数，学会了乘法，而加、减、除使用的符号分别是+、-和/；还学会了如何使用数学函数，其他的数学函数还有：

```
pow(x,y)      #计算 x 的 y 次方
log(x)        #以 e 为底 x 的对数
log10(x)      #以 10 为底 x 的对数
exp(x)        # e 的 x 次方
degree(x)     #弧度转角度
radians(x)    #角度转弧度
sin(x)        #x 的正弦, x 为弧度
```

```
cos(x)          #x 的余弦，x 为弧度
tan(x)          #x 的正切，x 为弧度
asin(x)         #反正弦，x∈[-1,1]
acos(x)         #反余弦，x∈[-1,1]
```

1.4.3　标识符和关键字

1. 标识符

标识符是程序中用来表示变量、函数、类、模块和其他对象的名称。如例 1-1 中的 name1、name2 都是标识符。标识符实际就是代表事物的一个名字。

Python 的标识符由字母、数字和下划线 "_" 组成，第一个字符不能是数字。Python 中的标识符不限长度，但区分大小写，如大写 A 和小写 a 被认为是两个不同的符号，可以分别代表不同的事物。Python 的标识符也可以使用 Unicode 字符，如汉字，但不推荐使用。

2. 关键字

有些标识符已经被 Python 语言规定了语法含义，写程序时不能再用它表示其他的事物，这些标识符称为保留字或关键字。这些关键字如下：

False	class	finally	is	return
None	continue	for	lambda	try
True	def	from	nonlocal	while
and	del	global	not	with
as	elif	if	or	yield
assert	else	import	pass	
break	except	in	raise	

可以在交互方式中输入 help() 进入帮助系统，查看关键字信息。

```
>>>help()               #进入帮助系统
help>keywords           # 查看所有的关键字列表
help> return            #查看 return 这个关键字的说明
help>quit               #退出帮助系统
```

3. 预定义标识符

Python 语言包含许多预定义的内置类、异常、函数等，如 float、input、print 等，用户应避免再使用它们为自己的数据、函数、类来命名。使用 dir(__builtins__) 可以查看所有的内置异常名和函数名，如：

```
>>> dir(__builtins__)   # builtins 前后都是两个下划线
```

预定义标识符很多，常用的避免就可以了。

4. 保留标识符类

_*是特殊的标识符，在交互式执行方式中使用，代表最后的计算结果，例如：

```
>>> 100+200
300
>>>  _+200
500
```

_代表上一次的计算结果 300，所以最后得到 500。

__*__，两个下划线开始和两个下划线结束，这样的名字常常是系统定义的函数的名字，如 __new__() 是创建新对象的函数，__init__() 是构造函数等。

1.4.4　Python 的语句

程序执行中不变的数据称为**常量**，如 1、2、3、"the result is"等。

程序中可变的数据称为**变量**，一般用符号表示数据，如 a=10，以后还可以说 a=20。a 表示的数据可变，a 就是变量。

计算机语言中表示运算的符号称为**运算符**，如前面的+、-、*、/等。

常量、变量以及由运算符和变量、常量连接起来的式子称为**表达式**，如 321、"please input a number"、4+5、a+b 等是**表达式**。

1. 语句

能表达完整意义的命令形成一条**语句**，如：

```
a=5
b=3
c=a+b
```

就是三条语句，等号（=）表示"赋值"，就是将右边的表达式的值赋给左边的变量。这样的语句称为**赋值语句**。

表达式也能构成语句，如：

```
3+5
```

2. 语句的书写

Python 中，通常一个物理行就是一条语句，如：

```
a=10
b=20
```

一行也可以写多条语句，中间用分号隔开，如：

```
a=10;b=20
```

这就是两条语句，一个说明用 a 表示 10，一个说明用 b 表示 20。

一条语句也可以分多行来写,用反斜杠（\）表示**续行**。如：

```
a=(6-4)*(8-2)*(4-2)\
*(35-23)
```

和

```
a=(6-4)*(8-2)*(4-2)*(35-23)
```

是相同的。一般避免将一条语句写在多行中，那样不易理解。

如果数据是元组、列表、字典，数据元素可以分多行书写不需续行符。

Python 中的语句有简单语句和复合语句。if 语句、while 语句、for 语句、try 语句、with 语句、函数定义、类定义等是复合语句，其他一般是简单语句。

简单语句在一行中一般从第 1 列开始书写，前面不留空格。复合语句的构造块必须缩进。构造块是由简单语句和复合语句组成的语句块，它们整体缩进，之间要对齐。第 3 章会讲具体的使用。

3. 缩进

Python 采用缩进格式标记一组语句。缩进就是在一行中输入若干空格或制表符（按 Tab 键产生）然后再开始书写字符。缩进量相同的是一组语句，也称为**构造块**或**程序段**。但缩进不是随意的，后面会讲到的分支语句、循环语句、函数定义等都采用规定的缩进格式。它们的特点都是物理行的末尾有一个冒号 ":"，然后随后的若干行是向右缩进并对齐的。否则不能随便缩进。如 1.3 节中写过的两个程序，都强调左边顶格对齐，就是这个原因。

虽然缩进可以使用制表符，但不推荐使用，因为制表符在不同的系统中产生的缩进量是不同的。推荐使用空格缩进，也不限制空格数量，对齐就行，一般使用 4 空格缩进量。

4. 注释

程序中"#"开始的内容为注释，一行中#及其后的内容不被执行，是为方便阅读程序而写的说明。适当加入注释是编程的好习惯。

5. 空语句

如果一行中什么也没有，或只有空格、Tab 制表符、换页符和注释，这也是一条语句，通常称为**空语句**。空语句在执行时被忽略，实际是什么也不需要做，所以程序中有多个空行不影响程序的功能，但可以增加程序的可读性，可使程序更清晰。所以，在程序中适当加空行是好习惯。

1.4.5　函数和模块

当编写的程序较大、较长时，常常将它分成几部分来编写、保存和使用。

1. 函数

函数是能完成一定功能的有名字的程序段。例如，开方函数实际是一段程序，名字叫 sqrt，通过 sqrt(x)的形式得到 x 的平方根而不用关心这段程序是怎样实现开方功能的。使用函数可以使应用程序显得更简洁。

2. 模块

多个函数及变量的定义可以组成模块，多个模块组成包，多个包组成库。

物理上，通常模块对应文件，包对应文件夹，库就有多个文件夹了。

3. 模块和函数的使用

要使用模块中的函数，需要导入模块。导入和使用的形式有以下两种。

（1）import

导入形式：

```
import 模块名
```

使用方式：

```
模块名.函数名(参数)
模块名.变量名
```

例如，使用数学函数模块：

```
>>>>import math
>>> math.sqrt(2)        #显示  1.4142135623730951
>>> math.sin(0.7)       #显示 0.644217687237691
```

其中 sqrt 是开方函数，sin 是求正弦值的函数，括号中是参数。这种导入方式在使用时需要加"模块名."作为前缀。

（2）from ...import...

导入形式：

```
from 模块名 import  函数名或变量名表
```

使用方式：

```
函数名(参数)
```

函数名或变量名表的多个函数和变量间用逗号隔开，也可以用*代替表示所有的函数和变量。

例如：

```
>>>from math import  sqrt,sin
>>> sqrt(2)          #显示  1.4142135623730951
>>> sin(0.7)         #显示 0.644217687237691
```

这时只能使用这两个函数。如果使用

```
>>>from math import *
```

则可以使用 math 中的所有函数，而且不需要前缀 math。

1.4.6　输入和输出

输入、输出是程序的基本操作。

1.　输入

输入数据最基本的方法是使用 input 函数，格式如下：

```
<变量>=input([<提示>])
```

其中<提示>显示在屏幕上，提示用户输入什么数据，可以没有，即圆括号为空白。变量是表示可变数据的符号。这句的意思可以理解为用<变量>表示输入的一行内容。

输入实数需要使用 float()函数将输入转换为实数，输入整数需要使用 int()函数将输入转换为整数。从键盘输入时，每输入一个数据都要按一次回车键。例如：

```
a=int(input("请输入整数"))        # a 是整数
b=float(input("请输入实数"))       # b 是实数
print(a,b)
```

执行结果：

```
请输入整数 2015
请输入实数 20.15
2015 20.15
```

注意，这时输入 a 时，必须输入整数；输入 b 时可以输入整数或实数，不能输入字符。

2.　输出

输出数据一般使用 print 函数，格式如下：

```
print(<输出项列表>, sep=<分隔符>, end=<结束符>)
```

其中<输出项列表>表示可以输出多项内容，各项内容间用逗号隔开。例如，例 1-1 的 print("Yours",name2)，就是输出的两项内容。<分隔符>是多项内容输出后的分隔符号，默认是空格，也可以设为逗号，写成 sep=', '。<结束符>是内容输出完时末尾的符号，默认是换行符，所以例 1-1 的每一个 print 显示了一行。结束符也可以设为其他符号，如分号，写成 end=';'。sep 和 end 这两项内容可以省略，例 1-1 就省略了这两项格式控制，默认分隔符为空格，末尾是换行。下面是一个有选项的例子：

```
print("Sun","Mon","Tue","Wed","Thi","Fri","Sat",sep=',',end=';')
print(1,2,3,4)
```

这两行程序的执行结果如图 1-9 所示。

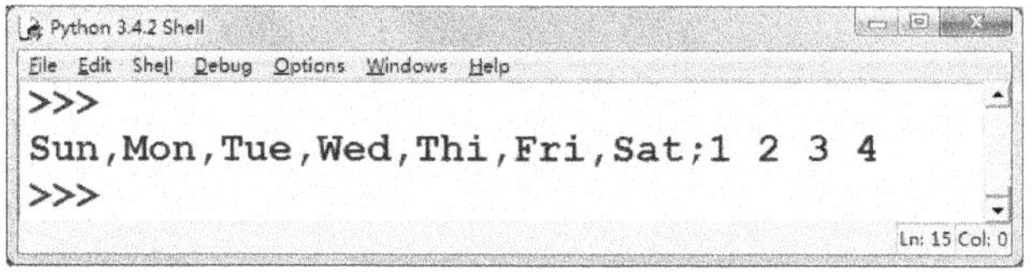

图 1-9　不同格式的 print

由于第 1 个 print 设置了 sep 选项，所以输出的内容间不再以空格隔开，而是以逗号隔开；由于还设了 end 选项，所以第 1 个 print 输出的内容与下面输出的 1、2、3、4 是在一行上，而且中间以分号隔开。第 2 个 print 由于没有 sep 和 end 选项，又恢复了默认，以空格分隔数据。

习　题　1

一、单选题

1. Pytohn 的基本执行方式是（　　　）。

    A．直接执行　　　　　B．编译执行　　　　　C．解释执行　　　　　D．汇编执行

2. 下列哪项不是 Python 语言的特点（　　　）。

    A．免费和开源　　　　B．编程效率高　　　　C．执行效率高　　　　D．面向对象

3. Python 的注释标志是（　　　）。

    A．双斜杠//　　　　　B．惊叹号!　　　　　C．井号#　　　　　　D．单引号'

4. Python 的续行标志是（　　　）。

    A．#　　　　　　　　B．\　　　　　　　　C．@　　　　　　　　D．−

5. 下列（　　　）是不合法的标识符。

    A．_name　　　　　　B．student_name　　　C．56shanben　　　　D．WEEK

二、编程题

1. 编写程序，显示如下图形。

```
================================
=                              =
=                              =
=                              =
=                              =
================================
```

2. 编写程序，打印信封。例如

```
710049
西安交通大学


        张文龙


    人民邮电出版社  100164
```

其中的人名由用户输入。

3. 编写程序，输入球体的半径，计算球体的表面积和体积并输出。半径为实数。

提示：（1）球体的表面积为 $S=4\pi r^2$；球体的体积为 $4\pi r^3/3$。

（2）π 在程序中可以直接写为 3.1415926，或用变量表示，如 pai=3.1415926，还可以使用 math 模块中的常量 math.pi。

4. 编写程序，输入平面上两个点的坐标（$x1,y1$）、($x2,y2$)，计算它们之间的距离并输出。

提示：开方可使用数学函数 math.sqrt()，需要导入模块 math。

第2章
数据表示和基本运算

在数学中，数有不同的类别，如整数、实数、复数等，不同类别的数有不同的特点。在计算机中也将数据划分成不同的类别，这就是数据类型。计算机中不同数据类型的数据，在内存中的表示方法不同，占的存储空间不同，能进行的运算也不同。

2.1　常量、变量和对象

1. 常量

常量指在程序的执行过程中不变的量。通常直接写出的数据就是常量，如 1,2,3,4.5,8.6 等。直接写出的数据一般称为字面量，用符号表示的常量一般称符号常量。

Python 中常用的两个用符号表示的常量是 True 和 False,它们分别表示逻辑判断中的"真"和"假"，实际的数值分别是 1 和 0。

也有一些包含在模块中的用符号表示的常量，常用的如 math 模块中的 pi 和 e，如：

```
>>> from math import *
>>> pi   #显示 3.141592653589793
>>> e    #显示 2.718281828459045
```

2. 对象

Python 中，一切皆对象。写出的数据 1、2、3，使用的符号 a、b、c，定义的函数 sin(x)等等，都是对象。对象是某个类型事物的一个具体的实例，如西安大雁塔是古建筑的一个实例，2015 是整数的一个实例等。Python 中的每一个对象都有一个唯一的身份标识（Identity,简称 id）、一种类型和一个值。对象的 id 是一个整数，一旦创建就不再改变，可以把它当作对象在内存中的地址，使用 id()函数可以获得对象的 id 标识。例如：

```
>>> id(11)
1680123280
>>> id("anecdote")
55109040
```

对象的类型决定了对象支持的操作，也定义了对象的取值范围。type()函数返回对象的类型。例如：

```
>>> type(12)
<class 'int'>
>>> type(1.2)
```

```
<class 'float'>
>>> type("object")
<class 'str'>
```

对象的类型也是不能改变的。

有些对象的值可以改变，称为可变对象（Mutable）；有些对象的值一旦创建就不可再改变，称为不可变对象（Immutable）。Python 大部分对象是不可变对象，如数值对象、字符串、元组等；字典、列表等是可变对象。

3. 变量

指向对象的值的名称就是变量。变量是一个标识符，通过等号（=）赋值运算创建，变量指向一个对象。从变量到对象的连接称为引用（Reference）。例如：

```
a=5
```

创建了整型对象 5、变量 a，并使变量 a 连接到对象 5，也称变量 a 引用了对象 5 或 a 是对象 5 的一个引用，如图 2-1 所示。

等号（=）称为赋值运算符，a=5 可以理解为把 5 赋给变量 a。事实上，变量拥有自己的空间，变量连接到对象只是变量存储了对象的单元的存储地址，并没有存储对象的值。多个变量可以引用同一个对象，一个变量也可以引用不同的对象。引用不同的对象时，id 也就不同了。例如：

```
>>> a=112
>>> b=112
>>> c=b
>>> id(112)        #输出 1680126512
>>> id(a)          #输出 1680126512
>>> id(b)          #输出 1680126512
>>> id(c)          #输出 1680126512
>>> d=113
>>> id(d)          #输出 1680126544
>>> d=112
>>> id(d)          #输出 1680126512
```

从上面的结果可以看出，给 a、b、d 赋予的 112 是同一个对象（它们有相同的 id），a、b、c 以及赋值 112 以后的 d 都引用了 112。给 d 赋值 113，与 112 有不同的 id。

上述程序执行中变量的状态变化可用图 2-2 表示。

图 2-1　变量和对象的关系　　　　图 2-2　变量引用的状态图

赋值运算可使用"连等"，如：

```
a=b=5+3
```

相当于：

```
b=5+3
a=b
```

在 Python 中使用变量与其他语言有很大不同，主要表现在以下两个方面。

（1）不需要声明。随时可以使用一个符号，使用等号给它赋值，以后就可以使用这个符号代表那个值。

（2）可以随时赋不同类型的值。变量通过赋值产生以后，可以随时再赋其他的值，甚至后赋的值可以和以前的值有不同的类型。也就是说，后面的赋值和前面一点关系都没有，就像新创建了一个变量一样。

例如：

```
a=12                    #此后，a 表示整数 12
a=1.2                   #此后，a 表示实数 1.2
a="string"              #此后，a 表示一串字符"string"
```

（3）可以使用一个等号为多个变量赋值。如：

```
>>> x,y,z=10,20,30
>>> x                  #显示 10
>>> y                  #显示 20
>>> z                  #显示 30
```

4. 对象和数据的不同

数据纯粹是数据，而对象包含属性和功能。例如，有两个数 4 和 3，它们可以表示直角三角形的两个直角边。而当用 tri 表示一个直角边分别是 4 和 3 的三角形对象时，它的基本属性是"直角"、两直角边分别是 4 和 3，还可以通过它们计算三角形的周长、面积、三个角的角度等，这些通过计算过程来实现，认为是三角形的功能。

就 Python 中的数据来说，5 是对象，a=5 使得变量 a 指向了对象 5，对于整数对象，还可以得到表示该整数需要的二进制位数。例如：

```
>>> a=5
>>> a.bit_length()    #显示   3，就是用 3 个二进制位表示的 5
>>> a=254
>>> a.bit_length()    #显示   8
```

其中 bit_length()是与整数类型的对象相关联的函数，称为整数（这一类）对象的方法。使用方式如下：

```
<变量名>.<方法>（<参数> ）
```

本例中没有参数。

总之，对象具有属性和方法，不同类型的对象具有的属性和方法是不同的。

2.2 数据类型

Python 中的数据类型分为数字类型、序列类型、集合类型、字典类型等。

2.2.1 数字类型

数字类型（Number）是那些能进行算术运算、位运算和数学函数运算的数据类型，包括以下几种。

1. 整数类型

整数类型（Int）简称整型，用于表示整数，如 906、2015、2、16 等。由正负号和一串数字组成的数被认为是十进制的整数常量，正号可以省略。如果开头是 0X 或 0x（数字零加大写或小写字母 x），则被认为是十六进制的常量，如 0x22，表示的数是十进制的 34。如果开头是 0O 或 0o（数字零加大写或小写字母 o），则被认为是八进制的常量，如 0O22，表示的数是十进制的 18。如果开头是 0B 或 0b（数字零加大写或小写字母 b），则被认为是二进制的常量，如 0B1101,表示的数是十进制的 13。书写数值数据时，前缀后面的数字必须适合所声称的数制。例如，十六进制使用的符号是 0 ~ 9 和 A ~ F，如果写成 0X1GH，则被认为是语法错误。八进制使用的符号是 0 ~ 7，0O181 也被认为有语法错误；0o171 是正确的。

Python 的整数类型实际分两种，一种是标准整型，在 32 位的机器上，能表示的数的范围是 $-2^{31} \sim 2^{31}-1$；还有一种是长整型，与其他语言的长整型不同的是，Python 的长整型能表示的数的范围是无限的，只与机器的内存有关。也就是说内存有多大，它就能表示多大的数。

2. 浮点型

浮点型（Float），用于表示实数，如 3.14、2.78128、9.08 等。由正负号、一个小数点和若干数字组成的数被认为是十进制浮点型数据，正号可以省略。也可以用科学记数法表示。Python 中的科学记数法表示如下：

```
<实数>E<整数>
```

其中 E 表示基是 10，后面的整数表示指数。例如，1.2E3 表示 1.2×10^3, 1.2E-3 表示 1.2×10^{-3}。其中的 E 大小写均可，指数的正号可以省略。

Python 的浮点型遵循 IEEE754 双精度标准，每个浮点数占 8 个字节，能表示的数的范围是 $-1.8^{308} \sim +1.8^{308}$。

3. 复数类型

复数类型（Complex），用于表示复数，如 3+5j、8-7j、-1.2-6.8j 等。

Python 的复数类型也是一般的其他语言没有的。复数的实部和虚部都是浮点数，一个复数至少有虚部，也就是必须有表示虚部的实数和 j。1j、-1j、0j、0.0j 都是复数，而 0.0 不是。注意，表示虚部的实数即使是 1 时也不能省略，如直接写 j 是不正确的。

4. 布尔型

布尔型（Bool）即逻辑型，用于表示逻辑判断的结果，如 True 和 False，真和假，对和错，成立不成立等。表示布尔型数据的两个常量是 True 和 False，它们的值实际是 1 和 0。在逻辑判断中，True 和非 0 都被认为是"真"，False 和 0 都被判断为"假"。逻辑型数据也可以进行算术运算。

5. 其他数字类型

（1）Decimal 类型

浮点类型的数据的精度是有限的。当它的精度不能满足要求时，可以使用 Decimal（高精度浮点数）类型。

使用高精度类型需要导入 decimal 模块。例如：

```
from decimal import Decimal
```

使用 Decimal 需要创建 Decimal 对象，格式为

```
Decimal( value ='0', Context=None)
```

其中 value 可以是整数、字符串、元组，它们的格式符合实数格式要求；Context 确定如何处理不合法的字符串，一般省略这个参数。例如：

```
>>> from decimal import Decimal
>>> a=1/3
>>> b=5/6
>>> print(a+b)
```

```
1.1666666666666667
>>> a=Decimal(1)/Decimal(3)
>>> b=Decimal(5)/Decimal(6)
>>> print(a+b)
1.166666666666666666666666667
```

两个参数都省略时创建的高精度数为 0.0。

（2）分数类型

Python 支持分数类型，需要导入模块 fractions，使用 Fraction 函数创建分数类型的数据（即对象），基本形式为

```
from fractions import Fraction
Fraction(numberator=0, denonminator=1)      #通过指定分子、分母创建
Fraction(other_fraction)                     #通过其他分数创建
Fraction(float)                              #通过浮点数创建
Fraction(decimal)                            #通过高精度数创建
Fraction(string)                             #通过字符串创建
```

例如：

```
>>> from fractions import Fraction
>>> Fraction(12,48)              #结果为：Fraction(1, 4)
>>> Fraction(1.2)               #结果为：Fraction(5404319552844595, 4503599627370496)
>>> Fraction(1.25)              #结果为：Fraction(5, 4)
>>> Fraction("1.5")             #结果为：Fraction(3, 2)
>>> Fraction("1/5")             #结果为：Fraction(1, 5)
>>> Fraction(Decimal('1.2'))    #结果为：Fraction(6, 5)
>>> a=Fraction(1,3)             #a 为分数 1/3
>>> b=Fraction(1,3)             #b 为分数 1/3
>>> print(a+b)
2/3
```

2.2.2　序列类型

序列类型表示的是若干有序的数据，分不可变序列类型和可变序列类型。

不可变序列类型的数据一旦写定，其中的数据就不能再改变。不可变序列的数据类型有字符串、元组和字节序列。

可变序列类型的数据的内容可以更改。可变序列有列表、字节数组等。

1．字符串

字符串（str），表示 Unicode 字符序列。写在一对单引号、双引号或三单引号、三双引号之间的符号是字符串类型的数据，如'abode'、'2015.2.16'、"scrupulous"、'''diverse'''、"""Xi's New Year visit marks village homecoming"""等。

若内容中有单引号时可以用双引号，内容中有双引号时可以用单引号。三引号的内容可以分多行书写，而单引号和双引号都不行。例如，下列程序：

```
a="""Xi's New Year visit
    marks village homecoming"""
print(a)
```

的执行结果为：

```
Xi's New Year visit
    marks village homecoming
```

2. 元组类型

写在一对圆括号中，用逗号隔开的一组数据称为一个元组。元组（tuple）表示任意类型的数据的数据序列，如（1,2,3）、（'zhao','qian','sun','li'）等。元组中的多个数据的类型可以不同，如（1,2,4, 'one','two','three'）等。

3. 字节序列

字节序列（bytes）强调数据是一系列的字节。以"b"开头的字符串被认为是字节序列数据。如 b'attentive'。可以把字符串转换为字节序列，例如：

```
str="abcd 字节序列"
print(str)
a=str.encode("utf-8")                #以 utf-8 编码格式转换为字节序列
print(a)
print(type(a))
a=str.encode("gb2312")               #以 gb2312 编码格式转换为字节序列
print(a)
a=str.encode("gbk")                  #以 gbk 编码格式转换为字节序列
print(a)
a=str.encode("utf-16")               #以 utf-16 编码格式转换为字节序列
print(a)
```

该程序的执行结果如下：

```
abcd 字节序列
b'abcd\xe5\xad\x97\xe8\x8a\x82\xe5\xba\x8f\xe5\x88\x97'
<class 'bytes'>
b'abcd\xd7\xd6\xbd\xda\xd0\xf2\xc1\xd0'
b'abcd\xd7\xd6\xbd\xda\xd0\xf2\xc1\xd0'
b'\xff\xfea\x00b\x00c\x00d\x00W[\x82\x82\x8f^\x17R'
```

注意，Python 中字符串的计数单位为字符，如"字节序列"是 4 个字符，如果使用 gb2312 编码，在内存中占 8 个字节，所以，如果想以字节为单位操作字符串中的数据时，需要将其转换为字节序列。转换时使用的编码方式不同，得到的结果也不同。一般使用 utf-8 或 gb2312 编码。

还可以使用 bytes 函数将字符串转换为字节序列，例如：

```
>>> str="abcd 字节序列"
>>> a=bytes(str,"utf-8")
>>> print(a)
b'abcd\xe5\xad\x97\xe8\x8a\x82\xe5\xba\x8f\xe5\x88\x97'
```

其中"utf-8"可替换为"gb2312""gbk""utf-16"等。

4. 列表

列在一对方括号中的用逗号隔开的若干数据是一个列表。列表(list)表示可修改的任意类型的数据序列。列表中的多个数据的类型可以不同，甚至列表中可以嵌套列表，如[1,2,3]、["January","February","March"]、[1,2,3,[4,5,6]]等。

5. 字节数组

字节数组（bytearray）表示可修改的字节序列。bytes 生成的字节序列是不可修改的，例如：

```
>>> str="abcd 字节序列"
>>> print(str)
abcd 字节序列

>>> a=bytes(str,"utf-8")
```

```
>>> print(a)
b'abcd\xe5\xad\x97\xe8\x8a\x82\xe5\xba\x8f\xe5\x88\x97'
>>> a[0]=101
Traceback (most recent call last):
  File "C:\Python34\tmp.py", line 6, in <module>
    a[0]=101
TypeError: 'bytes' object does not support item assignment
```

而 bytearray 生成的也是字节序列，但它是可变的，可以修改的，例如：

```
>>> str="abcd字节序列"
>>> a=bytearray(str,"utf-8")
>>> print(a)
bytearray(b'abcd\xe5\xad\x97\xe8\x8a\x82\xe5\xba\x8f\xe5\x88\x97')
>>> a[0]=101      #修改第1个字节的内容，等号右边是一个整数，可以是十六进制
>>> print(a)
bytearray(b'ebcd\xe5\xad\x97\xe8\x8a\x82\xe5\xba\x8f\xe5\x88\x97')
```

注意，第 1 个字节的内容被改变了，101 是字符'e'的 ASCII 码。

2.2.3　其他类型

1. 集合数据类型

集合数据类型表示若干数据的集合，集合中的项目没有顺序，且不重复。

写在一对大括号中的用逗号隔开的数据是集合(set)数据，如{1,2,3}。集合数据是可变的。

写在 frozenset()圆括号中的序列、集合变成不可变集合（frozenset）数据。

2. 字典数据类型

字典类型类似集合类型，字典中的每一项数据包括两部分，一个是键，一个是值。例如，{name:"zhang san", addr:"Xi'an, Shaanxi",tel:"826397"}。键相当于一个类别的名字，如 name 表示"姓名"，值相当于这个类别的一个具体事物的值，如名字叫"zhang san"。

3. Python 一切皆有类型

Python 中的一切事物都属于一个数据类型，如模块、类、对象、函数等都属于某一类事物。每类事物都有它们的特征，这就是它们的型。像模块类型、type 类型、对象类型、可调用数据类型（如一切可调用的函数、方法等）等。

数据的类型可以使用内置函数 type()来查看，例如：

```
>>> type(123)
<class 'int'>
>>> type(1.2)
<class 'float'>
>>> type(1.2j)
<class 'complex'>
>>> type("string")
<class 'str'>
>>> type([1,2,3])
<class 'list'>
```

class 后面的单引号中是数据的类型名。

2.3　运　算　符

对数据的变换统称为运算，表示运算的符号称为运算符（Operator），参与运算的数据称为操

作数（Operand）或运算数、操作对象。有些运算符对一个数据操作，称为一元运算符。有些对两个操作数进行运算，称为二元运算符。

　　值、变量和操作符的组合就是表达式。单独一个值或变量也是表达式。如果表达式中有多个运算符，优先级高的运算符先计算。优先级相同的运算符，结合顺序是自左向右，即左边的运算先计算。还可以使用小括号改变运算顺序。最内的小括号中的运算先计算。

　　等号运算符的结合顺序是个例外，它是自右向左结合的，即表达式中有多个等号时，右边的等号先运算。

　　Python 中的运算符及从低到高的优先级顺序见表 2-1。

表 2-1　　　　　　　　　　　　　　　　运算符及优先级

类　　别	运　算　符	描　　述	举　　例
lambda 表达式	lambda	lambda 表达式	f=lamdba x,y:x+y f(1,2) #结果 3
条件表达式	if ... else	条件表达式	x if y else z, y 为真结果为 x,否则为 z
逻辑运算	or	逻辑"或"	x or y
	and	逻辑"与"	x and y
	not	逻辑"非"	not x
比较、成员运算	in, not in, is, is not,<, <=, >, >=, !=, ==	成员测试,统一性测试,比较。比较可以用于集合运算,是包含关系的检测	x in y x not in y x is y x is not y x>y x==y
位运算	|	按位或,集合并	x|y
	^	按位异或，集合对称差	x^y
	&	按位与，集合交	x & y
	>>,<<	右移、左移	x>>y x<<y
算术运算	+	加	x+y
	-	减	x-y
	*,/,%,//	乘、除、求余、整除	x*y,x/y, x%y, x//y
算术,位	+x, -x, ~x	正、负、按位取反	+x,-x,~x
算术	**	乘方（指数、幂）	x**y
下标运算、函数调用	x[index], x[index:index], x(arguments...), x.attribute	下标 切片 函数调用 属性引用	x[i] x[i:j] x(a,b,c) x.attr
显示	(expressions...), [expressions...], {key: value...}, {expressions...}	绑定或元组显示、列表显示、字典显示、集合显示	

1．算术运算

算术操作符+（正号）、–（负号）、+（加）、–（减）、*（乘）、/（除）、%（求余）、**（乘方）、//（整除）等主要用于数字类型的数据的运算。其中求余运算（%）不仅可以用于整数之间的求余还可以用于浮点型数和复数的求余，但不推荐这样用。整除运算（//）可以用于整数和浮点数，结果总是下取整的整数。例如：

```
>>> 5//2
2
>>> 1.2//5
0.0
>>> 1.2//0.5
2.0
```

相同类型的数据运算结果的类型不变。当不同类型的数据混合运算时，转换为表达式中最高的类型进行运算，结果是最高的类型。数字类型从低到高的级别是：整型→浮点型→复数型。

2．比较运算

比较运算符<（小于）、<=（小于等于）、>（大于）、>=（大于等于）、!=（不等于）、==（等于）用来判断同类型的对象是否相等，所有内建类型均支持比较运算。比较运算的结果是逻辑值 True 或 False。比较的依据因类型不同而不同。对数字类型，比较数值大小，对字符串按 ASCII 值逐个进行比较。复数不可比较大小，但可以比较是否相等（!=、==可用）。

与其他语言不同，Python 中可以使用连续比较。例如：1<x<10 表示 1<x and x<10,可用于判断 x 是否在(1,10)区间中。5>x==y 表示 5>x and x==y。不过这样的表达会降低程序的可读性，不推荐。

3．对象比较

比较运算通常比较的是值。在 Python 中，值相同不一定是同一个对象。例如：

```
>>> a=5
>>> b=1+4
>>> id(a)
1534305488
>>> id(b)
1534305488
>>> x=4.0
>>> y=4.0
>>> x==y
True
>>> id(x)
4622904
>>> id(y)
4621872
```

a 和 b 的 id 号相同，说明它们是同一个对象，而 x、y 的 id 号不同，就说明它们不是同一个对象。判断两个变量是否同一个对象使用 is 或 is not。是同一个对象时 is 的结果为 True，不是同一个对象时 is not 的结果为 True。

4．逻辑运算符

逻辑运算符 not（非）、and（与）、or（或）用于连接多个逻辑运算和比较运算，表示多个条件不成立、同时成立或之一成立。例如，判断 x 是否属于(0,1)区间，推荐的表达是：x<1 and x>0。x 不属于(0,1)的表达是 not(x<1 and x>0) 或 x>=1 or x<=0。

5．复合运算符

当一个变量参加运算又将运算结果赋值给这个变量时，常使用复合赋值运算符。例如：x=x+a 写为 x+=a; x=x*a 写为 x*=a。能这样使用的运算符见表 2-2。

表 2-2　　　　　　　　　　　　　　　　　　　复合运算符

运　算　符	含　义	举　例	等　效　语　句
+=	加	x+=y+5	x=x+(y+5)
-=	减	x-=y+5	x=x-(y-5)
*=	乘	x*=y+5	x=x*(y-5)
/=	除	x/=y+5	x=x/(y-5)
//=	整除	x//=y+5	x=x//(y-5)
%=	求余	x%=y+5	x=x%(y-5)
**=	乘方	x**=y+5	x=x**(y-5)
<<=	左移	x<<=y	x=x<<y
>>=	右移	x>>=y	x=x>>y
&=	按位与	x&=y+5	x=x&(y-5)
|=	按位或	x|=y+5	x=x|(y-5)
^=	按位异或	x^=y+5	x=x^(y-5)

2.4　内　置　函　数

Python 提供内建函数 67 个，这些函数可以直接使用，给定参数，即可返回需要的结果。例如，int()函数可以将字符串转换为整数，ord()函数可以获得字符的 ASCII 值，chr()函数可以得到特定值的 ASCII 符号, eval()用于计算表达式的值等。举例如下：

```
>>> int("124")          #结果是整数的 124
>>> ord('A')            #结果 65
>>> chr(66)             #结果 'B'
>>> a=4
>>> b=10
>>> eval("a+b")         #结果 14
```

常用的内置函数见表 2-3。

表 2-3　　　　　　　　　　　　　　　　　　　常用的内建函数

函　数	功　能	举　例

abs(x)	求 x 的绝对值，x 为整数或浮点数。若 x 为复数，得到的是模	>>> abs(-2)　#结果 2
		>>> abs(-1.2)　#结果 1.2
		>>> abs(1+1j) #结果 1.4142135623730951

ascii(object)	返回 object 的可打印表示的字符串。当遇到非 ASCII 码时，就会输出\x、\u 或 \U 等字符来表示	>>> ascii("abc")　#结果"'abc'" >>> ascii("张")　#结果"'\\u5f20'"
bin(x)	返回整数 x 的二进制字符串	>>> bin(12)　#结果'0b1100'
bool([x])	把 x 转换为 BOOL 值，如果 x 省略，返回 False	>>> bool(12)　#结果 True >>> bool(0)　#结果 False
bytearray([source[, encoding[, errors]]])	返回字节数组，可变对象	>>> bytearray("abcdef",encoding="utf-8", errors="strict") bytearray(b'abcdef')
bytes([source[, encoding[, errors]]])	返回字节对象，不可变对象	

续表

函　　数	功　　能	举　　例
chr(i)	返回 unicode 值是 i 的单个字符	>>> chr(97)　#结果'a' >>> chr(21834)　#结果'啊'

complex([real[, imag]])	创建复数 real+imag*j，如果省略第 2 个参数，为 0j;如果第 1 个参数是字符串，则认为这个字符串是复数	>>> complex(1,2)　#结果(1+2j)
		>>> complex(1)　#结果(1+0j)
		>>> complex()　#结果 0j
		>>> complex("3+4j")　#结果(3+4j)
		>>> complex("3")　#结果(3+0j)

divmod(a,b)	返回 a,b 的商和余数	>>> divmod(23,5)　#结果(4, 3)

eval(*expression*)	*expression* 是字符，返回字符串表示的表达式的值	>>> a=5
		>>> b=10
		>>> eval("a+b")　#结果 15

float([x])	把 x 转换成浮点数。x 是字符串或数字型	>>> float("4.1")　#结果 4.1
hex(x)	转换为 0x 开始的十六进制形式	>>> hex(255)　#结果'0xff'
id(object)	获得对象的 id 号	>>>a=100 >>>id(a)　#结果 1391374512
int(x)	将 x 转换为整数，x 可以是字符串实数。若 x 为实数，直接去掉小数部分。若是字符串，其表示的数不能有小数部分	>>> int(-2.4)　#结果-2 >>> int("24")　#结果 24
len(s)	返回 s 的元素个数	>>> len("obsession")　#结果 9
max()	返回最大值	>>> max(1,32,5)　#结果 32 >>> max([1,6,2,5])　#结果 6
min()	返回最小值	>>> min(1,-2,-1,4,7)　#结果 -2
oct()	将整数转换为八进制字符串	>>> oct(12)　#结果'0o14'
ord(c)	返回 c 的 unicode 编码或字符 ASCII 码值	>>> ord('A')　#结果 65 >>> ord('啊')　#结果 21834
pow(x,y[,z])	返回 x 的 y 次方除 z 的余数。z 省略时相当于 x**y	>>> pow(5,3)　#结果 125 >>> pow(5,3,10)　#结果 5

reversed()	返回逆序迭代器	>>> a=[11,2,3]
		>>> for i in reversed(a):
		　　print(i, end=' ')
		#结果3　2　11

round(x)	四舍五入取整	>>> round(1.5)　#结果 2
		>>> round(-1.4)　#结果-1
		>>> round(-1.8)　#结果-2

sorted()	返回有序列表	>>> a=[11,2,3] >>> sorted(a)　#结果[2,3,11]
str(*object*)	返回字符串	>>> str(12)　#结果'12'
sum(iterable[, start])	对 start 及对可迭代对象 iterable 的元素求和。start 默认为 0	>>> sum([1,2,3,4,5,6])　#结果 21 >>> sum([1,2,3,4,5,6],3)　#结果 24
type(*object*)	返回对象的类型	>>> type(1+0j)　#结果<class 'complex'>

表中函数的有些参数需要可迭代对象（Iterable）。所谓可迭代对象是能够一次返回（或者说得到）其一个元素的对象，如所有的序列对象（列表、字符和元组）、非序列对象（字典、文件对象等）以及自己用__iter__()或__getitem__()方法定义的类等。

2.5　本　章　实　例

2.5.1　判断 4 位回文数

【例 2-1】回文数的判别。用户输入一个 4 位的整数，如果是回文数显示 True，如果不是回文数显示 False。

【问题分析】回文数，就是反过来的数字和正着的数字是相同的，如 1221，倒过来的数还是 1221，这就是一个回文数。1234 倒过来是 4321，不相等，就不是回文数。

一个四位的数字 abcd 可以写为 I1=a*1000+b*100+c*10+d

那么倒过来的数字就可以写为 I2=d*1000+c*100+b*10+a

如果 I1 和 I2 相等，那么这就是一个回文数。I1==f2 的结果就是 True;否则就是 False。

一个四位数 I1，分离各位数字的方法是：

千位: I1//1000

百位：I1//100%10

十位：I1//10%10

个位：I1%10

Python 中输入使用 input("提示信息")得到的是字符串，即使从键盘输入的是整数或实数。可以使用 int()函数将输入的数字组成的字符串转换为整数，或使用函数 float()将数字和点组成的字符串转换为浮点数。

【算法描述】判别回文数。

用 a,b,c,d 表示整数 I1 的千位、百位、十位、个位。

（1）输入整数 I1；

（2）分离千位、百位、十位、个位各位数字 a,b,c,d；

（3）组合出新数字 I2=d*1000+c*100+b*10+a；

（4）比较 I1==I2；

（5）输出结果。

【源程序】

```
#2-1 回文数的判别
I1=input("请输入一个四位数:")          #输入的是字符串
I1=int(I1)                            #字符串转换为整数
a=I1//1000
b=I1//100%10
c=I1//10%10
d=I1%10
I2=d*1000+c*100+b*10+a
result=(I1==I2)
print("回文数判断结果是:",result)
```

【运行结果】

```
>>>
请输入一个四位数:1221
回文数判断结果是：True
>>>
请输入一个四位数:1234
回文数判断结果是：False
```

2.5.2　判断闰年

【例 2-2】判断闰年。用户输入年份，如果为闰年输出 True；如果不是，输出 False。判断闰年的规则为

（1）能被 4 整除且不能被 100 整除的为闰年（如 2004 年是,1900 年不是）；

（2）能被 400 整除的是闰年（如 2000 年是，1900 年不是）。

【问题分析】例题中，（1）、（2）是"或"的关系，只要一条成立就是闰年。（1）中实际有两个条件，"能被 4 整除"和"不能被 100 整除"，它们是"且"，就是"与"的关系。再就是如何表达整除，x 能被 n 整除的话，余数一定为 0，就依此判断是否整除。

设年份用 year 表示，则依题意，判断闰年的逻辑表达式为

```
(year%4==0  and  year%100!=0) or (year%400==0)
```

【算法描述】

（1）输入整数 year 表示年份;

（2）计算表达式的(year%4==0   and   year%100!=0) or (year%400==0)的值 result;

（3）输出 result。

【源程序】判断闰年

```
//例2-2 判断闰年
stryear=input("请输入年份:")              #输入的是字符串
year=int(stryear)                        #字符串转换为整数
result=(year%4==0  and  year%100!=0) or (year%400==0)        #计算逻辑表达式
print("闰年判断结果是:",result)
```

【运行结果】

```
>>>
请输入年份:1990
闰年判断结果是：False
>>>
请输入年份:1996
闰年判断结果是：True
>>>
请输入年份:2000
闰年判断结果是：True
```

【程序分析】

（1）第 1、2 行可以合并为

```
year=int(input("请输入年份:"))
```

以后输入整数，注意在 input()函数外加 int()。

（2）逻辑运算符有优先级，and 高于 or，且它们的优先级低于关系运算符，也就是说，在上

述闰年判断的第 1 个括号内，先计算 year%4==0,若为 True 再计算 year%100!=0,然后计算 and 。即使不加括号，也先计算 and，再计算 or。

2.5.3　大小写转化和 ASCII 值

【例 2-3】将大写字母转换为小写字母，并显示 ASCII 值。输入一个字母，如果是小写，不变，如果是大写，转换为小写，显示转换前后的字符和对应的 ASCII 值（即使不转换,也要显示这些信息）。

【问题分析】设输入的字符是 c，判断是否小写，可以直接使用比较运算符：

```
c>='a' and c<='z'
```

满足这个条件就是小写字母。

根据是否小写，要做不同的运算，使用条件运算符 if ...else...。

```
x if y else z
```

如果 y 为 True,这个表达式的结果为 x，否则为 z。

大写转小写：大写字母和小写字母在计算机中的不同就是它们的 ASCII 值不同，小写字母比对应的大写字母的 ASCII 值大 32。所以将大写字母的 ASCII 值加 32 就是小写字母的 ASCII 值。

若大写字母用 c 表示，则 ord(c)是它的 ASCII 值，ord(c)+32 就是对应的小写字母的 ASCII 值，chr(ord(c)+32）就是对应的小写字母。

【源程序】

```
#2-3 大写转小写并显示 ASCII 值
c=input("请输入一个字母:")    #输入的是一个字符
y=(c if (c>='a' and c<='z') else chr(ord(c)+32) )
print("字符:",c,"ASCII:",ord(c),"转换为:",y,"ASCII:",ord(y))
```

【运行结果】

```
>>>
请输入一个字母:a
字符: a ASCII: 97 转换为: a ASCII: 97
>>>
请输入一个字母:A
字符: A ASCII: 65 转换为: a ASCII: 97
>>>
请输入一个字母:Y
字符: Y ASCII: 89 转换为: y ASCII: 121
```

习　题　2

一、单选题

1. 下列（　　　）数据是合法的常量。

  A. 12A   B. 0o81   C. 0x2H4   D. 0XFF

2. 0O71 表示的数的十进制形式是（　　　）。

  A. 71   B. 113   C. 57   D. 15

3. 下列（　　　）是正确的赋值语句。

  A. x+y=20   B. x=y=50   C. y=2x   D. 20=x+y

4. 下列（　　　）是不正确的赋值语句。

    A. x=y　　　　　　　　B. x=20　　　　　　　　C. x,y=10,20　　　　　　D. x=10,y=20

5. 下列（　　　）是 Python 正确的赋值语句。

    A. x,y,z=10　　　　　　　　　　　　　　　　B. x=10,y=10,z=10

    C. x=10;y=10;z=10　　　　　　　　　　　　D. x y z=10

6. Python 中运算符"//"的含义是（　　　）。

    A. 除法　　　　　　　B. 求商　　　　　　　C. 求余　　　　　　　D. 高精度除法

7. type()函数的功能是（　　　）。

    A. 获得对象的值　　　　　　　　　　　　　　B. 获得对象的 id 标识

    C. 获得对象的类型　　　　　　　　　　　　　D. 为对象分类

8. 下列（　　　）数据的类型是列表类型。

    A. [1,2,3]　　　　　　B. (1,2,3)　　　　　　C. "123"　　　　　　D. {1,2,3}

9. 下列（　　　）数据的类型是元组类型。

    A. [1,2,3]　　　　　　B. (1,2,3)　　　　　　C. "123"　　　　　　D. {1,2,3}

10. 判断两个对象是否为同一个对象使用的运算符是（　　　）。

    A. ==　　　　　　　　B. is　　　　　　　　C. in　　　　　　　　D. =

二、编程题

1. 输入三角形的三个边长 a,b,c，使用海伦公式求三角形的面积 S。

海伦公式为：

$$s = \sqrt{p(p-a)(p-b)(p-c)}$$

其中 $p=(a+b+c)/2$。设输入的数据能构成三角形。

2. 输入一元二次方程 $ax^2+bx+c=0$ 的系数 a,b,c，求方程的实根（设输入的系数保证有实根）。

3. 输入直角三角形的两个直角边 a,b，求三角形的周长、面积和两个锐角的角度数。

提示：

（1）本题需要使用反三角函数和开方函数，需要导入数学库 math，方法如下：

```
from math import *
```

（2）开方函数使用 sqrt(x)，得到 x 的平方根；asin(x)得到正弦值为 x 的弧度，acos(x)得到余弦值为 x 的弧度。

（3）弧度到角度的转换

角度=弧度*180/ π

其中 π 在导入数学库后可以直接使用其中的常量 pi。

4. 现在许多显示器的屏幕宽度和高度的比例是 16:9。讨论显示器的尺寸讲的是对角线的长度，单位是英寸。现编写程序，输入显示器的尺寸，单位英寸，计算并输出显示器的宽度和高度，单位为厘米。1 英寸(in)=2.54 厘米(cm)

5. ASCII 查询。用户输入一个字符，显示其十进制 ASCII 值。

6. 大小写转换。输入小写字母，将其转换为大写字母；输入大写字母，将其转换为小写字母。

提示：设输入的数据是一个字母，用 c 表示，则通过 c>'Z'就可以判断大小写。如果是小写，ord(c)-32 就是大写字母的 ASCII 码；如果是大写，ord(c)+32 就是小写字母的 ASCII 码。然后需要使用 chr()函数将其转换为字符。判断可以使用...if <条件>else...。

第 3 章
控制结构与异常处理

通常，程序的执行是按语句的先后从上到下顺序执行的。例如：

```
a=1;
print("a 大于 0")
print("a 小于 0")
```

先执行 a=1，再显示 "a 大于 0"，又显示 "a 小于 0"。这种结构称为顺序结构。

然而，也许这不是设计者的目的，他想要的是如果 a>0，就显示 "a 大于 0"；如果 a<0，就显示 "a 小于 0"。具有这样结构的程序称为分支结构（或选择结构）。

还有，如果想显示 100 个星号，当然可以在 print 中写 100 个星号，但显然这不是好的办法。程序设计语言提供反复做一件事情的功能，称为循环结构。顺序结构、分支结构和循环结构统称控制结构。

3.1　顺　序　结　构

顺序结构是最简单的一种程序结构，程序按照语句的书写次序自上而下顺序执行。

【例 3-1】输入圆的半径，计算圆的周长与面积。

【源程序】

```
r=float(input('输入圆的半径: '))
C=2*3.14*r
S=3.14*r*r
print("圆的周长为: ", "%10.2f"%C)
print("圆的面积为: ","%10.2f"%S)
```

【运行结果】

```
输入圆的半径: 2.3
圆的周长为:  14.44
圆的面积为:  16.61
```

【程序解析】（1）本例的程序是从上到下逐行执行的，在处理逻辑上，这些语句是有顺序的，要先输入半径，再计算周长和面积，再输出。注意，输入语句不能放在计算之后，输出语句不能放在计算之前。面积计算和周长计算两个语句顺序可以交换，因为它们之间并没有先后关系。

（2）从 input 函数得到的数是字符串类型，无法参与后面的数值计算，所以必须将 input 函数得到数值从字符串类型转换成浮点型（float）。float(x)的功能就是将字符串形式的数 x 转换为浮点类型。换成 int(x)就是转换为整型。

（3）两个 print 中都输出了两项内容，一是提示信息，如"圆的周长为："，"%10.2f"是格式控制字符串，表示输出浮点数(f)，占 10 个字符位置(10)，其中有两位小数（.2），C 是要输出的数据，注意前面要有百分号。该句也可以写为：print("圆的周长为：%10.2f"%C)。

3.2　分支控制语句

分支实际是处理当条件满足时如何处理，当条件不满足时又如何处理的一种事物处理逻辑。根据条件和处理的不同，有单分支、双分支和多重分支之分。

3.2.1　分支结构的流程

单分支有一个条件和一个语句块，流程图如图 3-1(a)所示，表示当"条件"满足时执行"语句块"，否则跳过语句块继续下面的处理。双分支有一个条件，两个语句块（图 3-1(b)），表示当"条件"满足时，执行"语句块 1"，否则执行"语句块 2"，然后继续执行以后的语句。多重分支有多个条件和多个语句块（图 3-1(c)），当"条件 1"满足时，执行"语句块 1"，否则判断"条件 2"；如果"条件 2"满足，则执行"语句块 2"，否则判断"条件 3"……最后再判断"条件 n"，满足执行"语句块 n"，否则执行"语句块 n+1"。

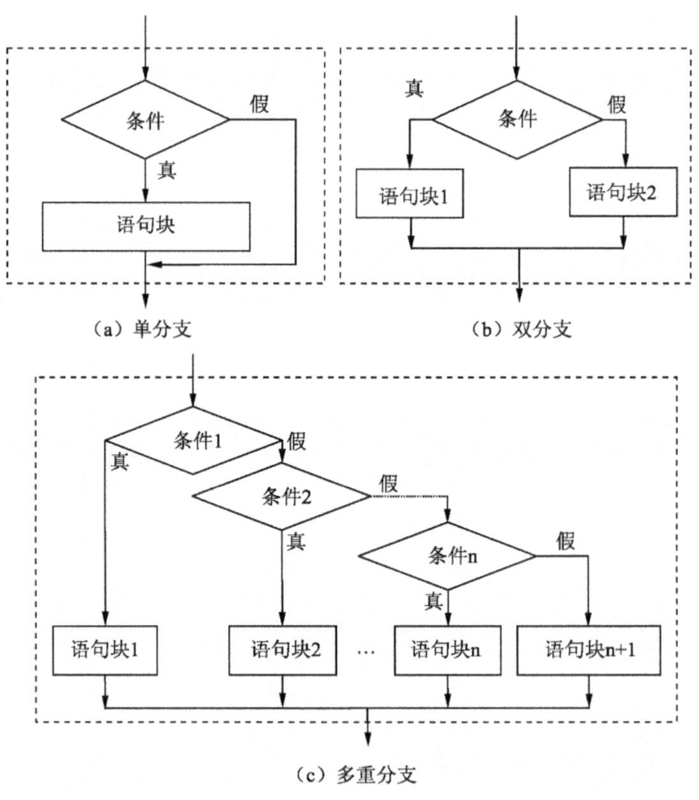

图 3-1　分支结构的流程图

注意观察流程图的画法，特别注意将虚框作为一个整体来看，它有一个入口（进来一条线），一个出口（出去一条线），这是结构化程序设计的特点。

　　语句块实际是一组语句。Python 中，纵向上对齐的语句认为是属于同一个语句块的。但 Python 程序不能随便缩进。复合语句允许缩进，缩进的语句也要纵向上对齐，除非又有复合语句出现。这一章的分支语句、循环语句都是复合语句。

　　复合语句的格式是：首行+“:”+缩进语句。

3.2.2　一路分支

　　一路分支即单分支，表示图 3-1（a）的处理逻辑，Python 中使用如下格式的 if 语句：

```
if <条件表达式>:
    <if 块>
```

　　其中，<条件表达式>可以是关系表达式、逻辑表达式或算术表达式。<if 块>可以是单个语句，也可以是多个语句，但必须缩进并纵向对齐，同一级别的语句缩进量要相同。还要注意，**<条件表达式>后有一个冒号，不能少。**

　　该语句表达的意思是当<条件表达式>为真（True）时，执行<if 块>，否则什么也不做，继续执行和 if 对齐的下一条语句。if 和与它对齐的下一条语句是顺序执行关系。

　　【例 3-2】用户从键盘输入两个数，求它们的最大值。

　　【问题分析】输入用 input()。如果输入的是整数，还需要将它们转换为 int。设待比较的两个数分别用 a 和 b 表示，最大数用 max 表示。先设 max=a，然后与 b 比较，如果 b 大，则 max=b；否则，max 不做改动，显示 max 的值。

　　【算法描述】　两个数分别用 a 和 b 表示，用 max_num 表示找到的最大数。

```
输入两个数 a, b;
max_num =a;                    #先设当前最大数为 a
如果 max_num<b,
    max_num =b;                #当测试条件为真时，将 b 赋值给 max_num
输出 max_num。                  #输出最大数
```

　　【源程序】

```
a=int( input("请输入第一个数: ") )    #注意使用 int()将字符串转换为整数
b=int( input("请输入第二个数: ") )    #因为使用 input()得到的是字符串
max_num=a
if max_num<b:                       #注意条件后的冒号
   max_num=b                        #注意缩进
print('最大数是: ',max_num)
```

　　【运行结果】

```
请输入第一个数:15
请输入第二个数:17
最大数是: 17
```

3.2.3　二路分支

　　二路分支也叫双分支，表示图 3-1（b）的处理逻辑，Python 中使用如下格式的 if 语句：

```
if <条件表达式>:
    <if 块>
```

```
else:
    <else 块>
```

当<条件表达式>为真（True）时，执行<if 块>，否则（为假时）执行<else 块 >，然后执行和 if 对齐的下一条语句。注意，else 后面也有一个冒号,<if 块>、<else 块>缩进对齐，同一级别缩进量要相同。

【例 3-3】编写程序，解一元二次方程 $ax^2+bx+c=0$。用户输入系数 a,b,c，如果有实根，计算并显示实根，如果没有实根，显示"没有实根"。

【问题分析】一元二次方程有无实根可以根的判别式 $\Delta=b^2-4ac$ 来判别，$\Delta \geq 0$ 有实根，$\Delta<0$ 无实根。设输入的 a 满足 $a\neq 0$。

【算法描述】

输入系数 a,b,c，并设输入的 a 不等于 0;

计算 $\Delta=b^2$-4ac

如果 $\Delta>0$

　　　计算 $\Delta=\sqrt{\Delta}$

　　　计算 x1=-b+Δ

　　　x2=-b-Δ

　　　显示 x1,x2

否则

　　　显示"没有实根"

【源程序】

```
from math import *                      #使用开方函数,需要导入数学函数库
print("本程序求 ax^2+bx+c=0 的根")       #显示说明信息
a=float( input("请输入 a: ") )           #转换为 float,系数可以是实数
b=float( input("请输入 b: ") )
c=float( input("请输入 c: ") )

delta=b*b-4*a*c                          #计算Δ,注意表示数据的符号一般只用 ASCII 字母和下划线
                                         #不用中文和希腊字母

if(delta>=0):
    delta=sqrt(delta)                    #注意 if 块要缩进并对齐
    x1=(-b+delta)/2/a                    #注意"除以 2a"的表示方法,不可写成/2a
    x2=(-b-delta)/(2*a)
    print("两个实根分别为:",x1,x2)
else:
    print("没有实根")
```

【运行结果】

```
本程序求 ax^2+bx+c=0 的根
请输入 a: 1
请输入 b: 3
请输入 c: 2
两个实根分别为: -1.0 -2.0
```

3.2.4　多重分支

多重分支也叫多路分支、多分支。Python 中可以使用下列形式的 if 语句实现。

```
if <条件 1>:
    <语句块 1>
elif <条件 2>:
    <语句块 2>
...
elif <条件 n>:
    <语句块 n>
else:
    <语句块 n+1>
```

它完成的是图 3-1（c）表示的处理逻辑。注意最前面的关键字是 if, 最后是 else, 中间是 elif(相当于 else:if)。条件和最后的 else 后面都有一个冒号。最后的 else 可以没有，语句块要缩进对齐。

【例 3-4】将百分制成绩转换为 5 分制成绩。转换规则如下：90 分及以上转为 5 分，80 分及以上转为 4 分，70 分及以上转为 3 分，60 分及以上转为 2 分，不及格转为 1 分。

【问题分析】本题有多个条件，处理方法不同，可以使用多重分支。

【源程序】

```
print("本程序将百分制成绩转换成 5 分制成绩")
a=int( input("请输入百分制成绩: ") )         #输入的成绩为整数
b=0
if a>=90:
    b=5
elif a>=80:                                  #实际是 90>a>=80,在 a>=90 的 else 情况中
    b=4
elif a>=70:                                  #实际是 80>a>=70,在 a>=90, a>=80 的 else 情况中
    b=3
elif a>=60:
    b=2
else:
    b=1
print("对应的 5 分制成绩为:",b)
```

【运行结果】

```
本程序将百分制成绩转换成 5 分制成绩
请输入百分制成绩: 70
对应的 5 分制成绩为: 3
```

3.2.5　分支嵌套

在分支处理的语句块（<if 块>，<else 块>等）中，还可以有分支语句，称为分支的嵌套，这样就可以处理更复杂的条件处理问题。

【例 3-5】解一元二次方程 $ax^2+bx+c=0$。输入一元二次方程的三个系数 a、b、c，输出该方程的根（含复根）。注意，输入的系数也可能只构成一次方程或构不成方程，这些情况要求都能够处理。

【算法描述】

```
输入 a、b、c
如果 a=0
    如果 b=0
        输出"输入的系数构不成方程"

    否则（即 b≠0）

        计算单根 x=-c/b
        输出单根 x

否则（即 a≠0）

    计算 delta=b*b-4*a*c
    如果 delta>=0
        delta=sqrt(delta)
        输出方程有实根
        x1=(-b+delta)/2a 和 x2=(-b-delta)/2a
    否则（即 delta<0)
        delta=sqrt(-delta)
        real=-b/(2*a)                #实部
        imag=delta/(2*a)             #虚部
        输出方程有复根
           complex(x1,x2)和 complex(x1,-x2)
```

请注意，本算法的描述采用了缩进的结构，与 Python 的 if 语句语法结构一致，缩进对应相应的<if 块>和<else 块>，同一缩进的层次的语句是顺序执行的。

【源程序】

```python
#例 3-5 解一元二次方程
#一元二次方程求解
import math                                         #导入数学模块以调用 sqrt（）函数
a= int(input('请输入一元二次方程的系数 a: '))           #输入方程系数
b= int(input('请输入一元二次方程的系数 b: '))
c= int(input('请输入一元二次方程的系数 c: '))
print('你输入的方程为%dx*x+%dx+%d=0'%(a,b,c))           #格式化输出，%d 表示是一个整数项
if a==0:                                             #二次项系数 a=0 的情况
    if b==0:                                         #一次项系数 b=0 的情况，不是方程
        print("你输入的系数构不成方程")
    else:                                            #一次项系数 b≠0 的情况，有单根
        x=-c/b
        print('实际为一元一次方程，根为: ',x)
else:                                                #二次项系数 a≠0 的情况
    delta=b*b-4*a*c                                  #计算判别式的值
    if delta>=0:                                     #判别式大于等于 0，有实根
        delta=math.sqrt(delta)                       #判别式开方
        x1=(-b+delta)/2/a
```

```
        x2=(-b-delta)/2/a
        print('方程有实根，它们是：',end='')              #end=''表示不换行
        print('x1=','%10.3f'%x1,',','x2=','%10.3f'%x2)
    else:                                         #判别式小于 0，有复根
        delta=math.sqrt(-delta)
        x1=-b/(2*a)
        x1=float('%10.3f'%x1)                     #将 x1 转换为一个只有三位小数的数
        x2=delta/(2*a)
        x2=float('%10.3f'%x2)                     #将 x2 转换为一个只有三位小数的数
        print('方程有复根，它们是：',end='')
        print('x1=',complex(x1,x2),',','x2=',complex(x1,-x2))
                        #complex(x1,x2)构造一个 x1 为实部，x2 为虚部的复数
#程序结束
```

【运行结果】以下为三次运行的结果。

```
请输入一元二次方程的系数 a：3
请输入一元二次方程的系数 b：2
请输入一元二次方程的系数 c：1
你输入的方程为 3x*x+2x+1=0
方程有复根，它们是：x1= (-0.333+0.471j) , x2= (-0.333-0.471j)
>>> ============================ RESTART ================================
>>>
请输入一元二次方程的系数 a：1
请输入一元二次方程的系数 b：3
请输入一元二次方程的系数 c：1
你输入的方程为 1x*x+3x+1=0
方程有实根，它们是：x1=      -0.382 , x2=      -2.618
>>> ============================ RESTART ================================
>>>
请输入一元二次方程的系数 a：0
请输入一元二次方程的系数 b：0
请输入一元二次方程的系数 c：2
你输入的方程为 0x*x+0x+2=0
你输入的系数构不成方程
```

3.3　循环程序设计

循环解决需要重复处理的问题。Python 提供 for 和 while 两种循环语句。for 语句，用来遍历序列对象内的元素，并对每个元素运行循环体；while 语句，提供了编写通用循环的方法。

3.3.1　for 循环

1. for 循环的常用格式

for 循环常用的格式为：

```
for <variable> in range(begin,end,step):
    <循环体>/<语句块>
```

其中<variable>是合法的标识符，如 i,j,k 等；begin 表示其起始值，end 表示终止值，step 表示步长，它们均为整数。这个语句的意思是，<variable>取从 begin 开始，到 end 结束（不包括 end），步长为 step 的每一个数，执行循环体。注意 for 这一行末的冒号(:)不能丢；step 可以为正整数或负整数；<循环体>是需要重复执行的一组语句，缩进对齐。

【例 3-6】求 $1\sim n$ 之间正整数的平方和。n 由用户输入。

【问题分析】$1\sim n$ 的平方和的一般式子为

$$sum=1+2^2+3^2+...+n^2$$

对于多项求和或乘积的问题，在程序设计中，一般不去找"和"或"积"的公式（即使有），而是逐项累加求和或求积。对本题，可以设前 n 项平方和为 sum，它的初始值为 0，然后逐次加 $1^2,2^2,3^2$ 等，直到 n^2。也就是说加法要做 n 次。刚好用循环。

【源程序】

```
n=int(input("请输入n:"))
sum1=0
for  i  in range(1,n+1,1):
    sum1=sum1+i*i          #i 依次取值 1,2,3,...,n
print(sum1)
```

【运行结果】

```
请输入 n:3
14
```

（1）range 中的终止值设的是 $n+1$，实际 i 能取到的是 n。range()中如果 begin 缺省，默认是 0；step 缺省，默认是 1。所以本例程序中的 range 还可以写为 range(1,n+1)。使用 range 能清楚地看到循环的次数，所以对于已知次数的循环，常使用这样的 for 语句。

（2）为了验证程序的正确性而输入的数据称为测试用例。测试用例结果应已知并易验证。对于本例，测试用例可以选 1,2,3，它们的结果容易计算是 1,5,14。如果输入 14224，结果是 959378040600，可我们却不知道它是对是错，因为手工算这样的数不容易。这是学程序设计要注意的。

2. for 循环的一般格式

实际上，for 循环的一般格式为

```
for <变量>  in <可迭代对象集合> :
    <循环体>/<语句块 1>
else:
    <语句块 2>
```

所谓可迭代对象是指可按次序逐个读取的对象。例如，在 Python 中，用方括号扩起来的用逗号隔开的数据称为列表，如[1,2,3,4,5,6]就是一个列表。列表是可迭代对象。

这样的 for 循环语句，<变量>依次取<可迭代对象集合>中的每一个值，然后执行<循环体>。集合中的元素取完后，执行 else 后面的<语句块 2>，然后执行与 for、else 对齐的后面语句。**如果由于某种原因，没有取完集合中的元素就跳出循环，不会执行 else 后面的<语句块 2>**，else 和<语句块 2>可以省略。注意 for 语句中的冒号不能丢。<循环体>、<语句块>缩进对齐。

【例 3-7】求一组数：23,59,1,20,15,5,3 的和及平均值。

【问题分析】这组数，没有什么规律，但可以用列表表示为[23,59,1,20,15,5,3]，列表还可以用符号表示，例如：

```
list1=[23,59,1,20,15,5,3]
```

那么，list1 就是一个列表。求其中元素的和可以使用 for 循环的一般形式。

【源程序】

```
list1=[23,59,1,20,15,5,3]          #定义列表
k=0                                #保存元素个数
sum1=0
for i in list1:                    #循环
    sum1=sum1+i
    k=k+1
print("和    为:",sum1)
print("平均值为:",sum1/k)
```

【运行结果】

```
和    为: 126
平均值为: 18.0
```

注意，sum1 用来表示当前和，k 表示当前的元素个数。实际上，在 Python 中，求列表元素的和、个数、最大、最小还有更简便的方法。

除列表外，其他可迭代对象还有字符串、元组、字典、集合、文件对象等。事实上，range(begin,end,step)生成的也是一个可迭代对象。

3.3.2　while 循环

当不知道重复的次数，但知道重复的条件时，常使用 while 循环语句，其使用格式为：

```
while <循环条件>:
    <循环体>（语句块）
else:
    <语句块 2>
```

其中<循环条件>是一个表达式，其值是逻辑值。

当<循环条件>的值为 True（真）时，就执行<循环体>中的语句，执行完后，再检查<循环条件>是否为 True，直到<循环条件>为 False(假)，结束循环，执行 else 后的<语句块 2>，然后继续执行和 while 对齐的下面的语句。**如果从<循环体>内的语句退出循环，不会执行 else 的<语句块 2>**，else 和<语句块 2>可以省略。注意<循环条件>后有冒号，<循环体>要缩进并对齐。while 循环的流程图如图 3-2 所示。请注意流程图的画法，理解流程的执行过程。将虚框看作一个整体，遵循"一个入口，一个出口"。

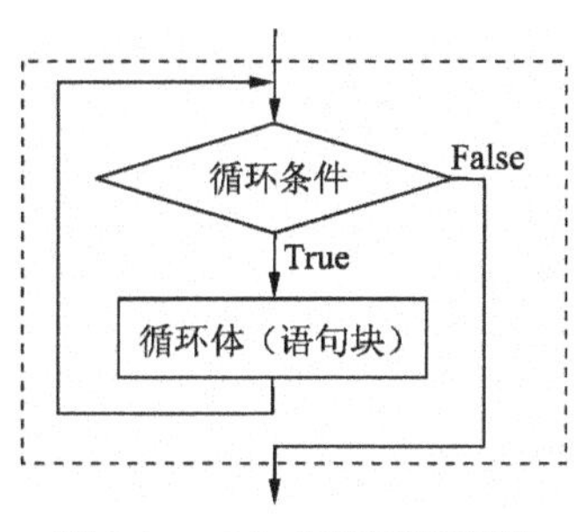

图 3-2　while 循环的流程图

【例 3-8】利用下列公式计算 e 的近似值。要求最后一项的值小于 10^{-6} 即可。

$$e \approx 1+\frac{1}{1!}+\frac{1}{2!}+...+\frac{1}{n!}$$

【问题分析】对于本题，也许可以利用精度要求求项数 n，但程序设计中一般不这么做，而是将 $u \leq 10^{-6}$ 作为结束循环的条件，其中 u 为通项。

对这样累加的题目，一般先设和的初始值，然后逐步构造通项。每构造一个通项，就将其累加到和中，直到满足要求。

【算法描述】

用 e 表示近似值，u 表示项，n 表示项号。e=1,u=1,n=1

当 u>1.0E-6 时

    u=u/n

    e=e+u

    n=n+1

显示 e

【源程序】

```
e=1
u=1
n=1
while(u>1.0E-6):
    u=u/n                   #第1次, u=1;第2次, y=1/2!;第3次, 再除以3, 就是1/3!...
    e=e+u                   #和
    n=n+1                   #项号, 准备下一项的计算
print("e≈",e)
```

【运行结果】

e≈ 2.7182818011463845

注意，本例一般不采用直接计算 $n!$ 的方法，而是在前一项的基础上计算下一个通项，这是级数求和的常用方法。

本例还可以扩展。请修改程序，根据用户输入的精度求 e 的近似值。

3.3.3　循环和分支的嵌套

在一个循环的循环体内，可以包含另一个循环或分支语句；在分支的语句块中，也可以包含另一个分支或循环语句。

【例 3-9】编写程序，打印九九乘法口诀表。

【问题分析】九九乘法表有 9 行，第 1 行有 1 列，第 2 行有 2 列……第 9 行有 9 列。9 行可以用循环 9 次的循环语句，i 列也可以用循环语句。

【源程序】

```
#乘法口诀表示例
for i in range(1,10):                    #外层循环, 执行9次, 产生9行, i=1,...,9
    a=''
    for j in range(1,i+1):               #内层循环, 执行i次,产生i列, j=1,2,...,i
        a+=str(j) + '*' + str(i) + '=' + str(i*j) + ' '          #构造第i行的信息
    print (a)
```

【运行结果】

```
1*1=1
1*2=2 2*2=4
1*3=3 2*3=6 3*3=9
1*4=4 2*4=8 3*4=12 4*4=16
1*5=5 2*5=10 3*5=15 4*5=20 5*5=25
1*6=6 2*6=12 3*6=18 4*6=24 5*6=30 6*6=36
1*7=7 2*7=14 3*7=21 4*7=28 5*7=35 6*7=42 7*7=49
1*8=8 2*8=16 3*8=24 4*8=32 5*8=40 6*8=48 7*8=56 8*8=64
1*9=9 2*9=18 3*9=27 4*9=36 5*9=45 6*9=54 7*9=63 8*9=72 9*9=81
```

【例 3-10】寻找自幂数。用户输入位数 n，找出并显示出所有 n 位数的自幂数。自幂数是指：一个 n 位正整数，如果它的各位数字的 n 次方的和加起来还等于这个数，数学家称这样的数为自

幂数。例如，$1^3+5^3+3^3=153$，153 就是一个 3 位自幂数，3 位自幂数也称为水仙花数。本例设 n 的取值为 1～6，当 n 大于 6 时，程序退出。

【问题分析】位数取值为 1～6，位数的控制就可以用循环。一个 n 位数的最小值为 10 的 n-1 次方，最大值为 10 的 n 次方减 1，所以内层可以使用一个 for 循环来遍历 n 位数的最小值与最大值之间的所有数值。下来的关键是取出当前 n 位数每个位数上的数字。一个 n 位数 k 对 10 取余可以得到个位上的数字，然后被 10 整除再对 10 取余可以得到十位上的数字，重复上述动作就可以实现当前 n 位数每个位数上数字的获取。这个动作可以使用一个 while 循环来控制。随着 k 被 10 整除，它的值会越来越小，当它为 0 时，表示取完所有数位。最后判断 k 是否为自幂数，如果是自幂数则输出该自幂数。

【源程序】

```python
#自幂数
start=0
end=0
digit=0
m=0
n=int(input('请选择自幂数的位数【1，2，3，4，5，6】: '))
while 0<n<7:                            #控制输入的数在[1,6]，整数
    start=pow(10,n-1)                  #计算 n 位数的最小数
    end=pow(10,n)-1                    #计算 n 位数的最大数
    print(n,'位数的自幂数有: ')
    for k in range(start,end+1):       #利用循环逐一检查每个数
        m=k
        total=0
        while m!=0:                    #利用循环取得每个数位的数
            digit=m%10                 #取各位的数字
            total+=pow(digit,n)        #求这个数位的数字的 n 次方并累加
            m=m//10                    #被 10 整除
        if total==k:                   #判断是否自幂数，是则显示
            print(str(k),end=' ')
    n=int(input('\n请选择自幂数的位数【1，2，3，4，5，6】: '))
else:
    print('输入位数不在范围内,程序结束。')
```

【运行结果】

```
请选择自幂数的位数【1，2，3，4，5，6】: 3
 3 位数的自幂数有:
153  370  371  407
请选择自幂数的位数【1，2，3，4，5，6】: 4
 4 位数的自幂数有:
1634  8208  9474
请选择自幂数的位数【1，2，3，4，5，6】: 5
 5 位数的自幂数有:
54748  92727  93084
请选择自幂数的位数【1，2，3，4，5，6】: 7
输入位数不在范围内,程序结束。
```

3.3.4　循环中的特殊语句 pass、break、continue 和循环 else 分句

一般来说，循环会一直执行到条件为假，或者到序列元素用完时。但是有时可能需要提前中断一次循环的执行，进行新一轮循环，或者提前结束整个循环。Python 提供了特殊语句实现这样的操作。

1. pass 语句

pass 的作用是什么也不做。当对有些情况不做处理时有用。

【例 3-11】对列表 x 中的数值求和，舍弃其中数值为 2 的元素，并将得到的结果输出。

【源程序】

```python
x=[1,2,3]
y=0
for item in x:
    if item==2:
        pass
    else:
        print('The number is:',item)
        y+=item
print('***************')
print('The sum is:',y)
```

【运行结果】

```
The number is: 1
The number is: 3
***************
The sum is: 4
```

【程序解析】本例中，使用 for 循环对列表 x 中的元素求和，for 循环内嵌套一个 if 语句，当元素为 2 时不求和，使用了 pass 语句（什么也不做）。

2. break 语句

break 意为"打破""打断"，它的作用通常为跳出循环或叫终止循环，执行循环后面的程序。比如在一个列表中查找一个数据，一种方法是用循环顺序查找，如果找到了，就不再继续查找，这时就需要跳出循环（结束循环）。

【例 3-12】在列表 x 中查找一个能被 3 整除的数，如果找到了，显示这个数及其位置。

【源程序】

```python
x=[11,22,50,73,81,99,100]
k=0;
y=1
for item in x:
    if item%3==0:
        y=item
        break
    k=k+1;
if(y!=1):
    print('找到能被 3 整除的数',y,"它是第",k+1,"个数")
else:
    print("没有找到能被 3 整除的数")
```

【运行结果】

```
找到能被 3 整除的数 81 它是第 5 个数
```

【程序解析】本例循环中嵌套了 if 语句，对每一个元素进行检验，如果不是 3 的倍数，k 加 1 继续循环。如果是 3 的倍数，则用 y 记下这个数，使用 break 退出循环。k 记录了元素的下标（从 0 开始），显示时加 1 是从 1 开始的顺序号。开始时 y 是 1，这样，在结束循环后，如果还是 1，表明循环中从没有进入 if 块，就是没有找到 3 的倍数；如果 y 不是 1 了，就表明在循环中进入过 if 块，就是找到了。

可以修改列表中的数据，看找不到的情况是否正确。

3. continue 语句

continue 意为"继续"，用于循环中，但它不是从循环中跳出，而是结束当前的一次循环，进入下一次循环。

【例 3-13】有若干成绩，统计及格的人的平均成绩。

【问题分析】本题的意思是有若干人的分数，其中有不及格的，现在要统计及格的这些人的平均成绩，可以使用循环先求和，但遇到不及格的，不加入其中。最后除以及格的人数。设成绩在一个列表中。

【源程序】

```
x=[98,72,80,45,30,89,92,54,48,82,67,76]
sum=0
k=0;
for item in x:
    if(item<60):
        continue
    sum=sum+item
    k=k+1;
if(k!=0):
    print("及格人数",k,"人,平均成绩是",sum/k)
```

【运行结果】

```
及格人数 8 人,平均成绩是 82.0
```

【程序解析】本例循环中嵌套 if 语句，当分数小于 60 分时（不及格）不进行求和和计数，而是进入下一次循环，也就是查看下一个分数。

4. 循环的 else 分句

循环的 else 分句是 Python 特有的，其作用是捕捉循环的"另一条"出路。当循环条件不成立，或者循环正常结束时执行 else 分句中的语句。

【例 3-14】对输入的每一个数，判断是否为素数。

【源程序】

```
print("本程序检验一个数是不是素数.")
a=int(input('请输入一个大于1的自然数(0表示结束):'))
while(a!=0):
    k=a//2
    while k>1:
        if a%k==0:
            print(a,'不是素数, 含有因子',k)
            break
        k=k-1
    else:
        print(a,'是素数')
    a=int(input('请输入一个大于1的自然数(0表示结束):'))
```

【运行结果】

```
本程序检验一个数是不是素数.
请输入一个大于 1 的自然数(0 表示结束):3
 3 是素数
请输入一个大于 1 的自然数(0 表示结束):4
 4 不是素数, 含有因子 2
请输入一个大于 1 的自然数(0 表示结束):5
 5 是素数
请输入一个大于 1 的自然数(0 表示结束):0
>>>
```

【程序解析】本例中对输入的每一个数 a, 逐个检查从 a//2 到 2 的每一个数是否能整除 a。如果能, 就不是素数, 结束循环; 否则要继续检查。"while k>1" 这个循环结束时, 表明 a 没有 1 和它本身之外的整数因子, 是素数, 执行该循环的 else 子句。大家可以试试去掉 else 子句, 将 print(a,' 是素数') 与 "while k>1" 对齐的执行结果。

3.4 异 常 处 理

编写程序的时候, 程序员通常需要辨别事件的正常过程和异常（非正常）的情况。这类异常事件可能是错误, 或者是不希望发生的情况。为了能够处理这些异常事件, 可以在所有可能发生这类事件的地方都使用条件语句（如让程序检查除法的分母是否为零）。但是, 这样做可能不仅没效率、不灵活, 而且还会让程序难以阅读。Python 的异常对象提供了强大的替代解决方案。本节将学习如何捕捉、创建和引发自定义的异常, 以及处理异常的各种方法。

3.4.1 什么是异常

程序执行中产生的错误称为异常（Exception）。Python 用异常对象（Exception Object）来表示异常情况。遇到错误后, 会引发异常。如果异常对象并未被处理或捕捉, 程序就会用所谓的回溯（Traceback, 一种错误信息）终止执行。例如:

```
>>> num                              #变量没有赋值错误
Traceback (most recent call last):
  File "<pyshell#4>", line 1, in <module>
    num
NameError: name 'num' is not defined
>>> int('3d')                        #使用不适合的值引发错误
Traceback (most recent call last):
  File "<pyshell#2>", line 1, in <module>
    int('3d')
ValueError: invalid literal for int() with base 10: '3d'
>>> 1/0                              #除数为零错误
Traceback (most recent call last):
  File "<pyshell#0>", line 1, in <module>
    1/0
ZeroDivisionError: division by zero
```

如果在程序中遇到这些问题, 而不进行捕获, 程序就会终止（前面的程序都是这样的）。为了继续程序的运行并给用户以提示，告知用户遇到了什么问题，应对异常进行捕获并处理。

3.4.2　异常捕捉

使用 try/except:复合语句来实现异常的捕捉。try/except 是复合语句，它的完整的形式如下。

1. 异常捕获与处理的一般格式

```
try:
    <statements1>
except <name1>:                 #捕获异常 name1
    <statements2>
except (name2, name3):          #捕获异常 name2 和 name3
    <statements3>
except <name4> as e:            #捕获异常 name4，e 作为其实例
    <statements4>
except:                         #捕获其他所有异常
    <statements5>
else:                           #无异常
    <statements6>
finally:                        #不管是否发生异常，保证执行
    <statements7>
```

首先是 try 作为首行，后面紧跟着缩进的语句块<statements1>，可能出现错误的程序就写在其中；然后是一个或多个 except 分句，它们来识别捕捉的异常。每当在运行时检测到<statements1>中的错误时，Python 就会引发异常，从而跳到 try 的异常处理器，即异常对应的 except 分句，而后继续 except 之后的语句。如果异常没有被相对应的 except 异常处理器处理，Python 默认的异常处理行为将启动：停止程序，打印出错消息。

2. 按异常类名捕获异常

Python 内置很多异常类，如 ValueError、ZeroDivisionError、OverFlowError 等。可以通过这些名称捕获异常。

【例 3-15】输入两个整数，打印它们相除之后的结果。若输入的不是整数或除数为 0，进行异常处理。

【问题分析】可以简单地写如下程序。

```
x=int(input('请输入第一个整数: '))
y=int(input('请输入第二个整数: '))
print('x/y=',x/y)
```

当输入的数不是整数时，结果如下：

```
请输入第一个整数: d
Traceback (most recent call last):
  File "C:/Python33/x 除以 y.py", line 1, in <module>
    x=int(input('请输入第一个整数: '))
ValueError: invalid literal for int() with base 10: 'd'
```

当输入的除数为 0 时，结果如下：

```
请输入第一个整数: 10
请输入第二个整数: 0
Traceback (most recent call last):
  File "C:/Python33/x 除以 y.py", line 3, in <module>
    print('x/y=',x/y)
ZeroDivisionError: division by zero
```

　　无论哪种情况，程序都"终止"了，不再执行其他语句。这就是出现了异常，系统自动的处理就是停止执行，给出提示（即使有循环）。其中的"ValueError"和"ZeroDivisionError"是异常类名。为了处理这种情况，不让程序结束，可将上述代码写在 try 中，让 except 按照异常类名处理异常。

【源程序】

```python
k=0
while(k<3):
    try:
        x=int(input('请输入第一个整数：'))
        y=int(input('请输入第二个整数：'))
        print('x/y=',x/y)
    except ValueError:
        print('请输入一个整数。')
    except ZeroDivisionError:
        print('除数不能为零。')
    k=k+1
```

【运行结果】

```
请输入第一个整数：1
请输入第二个整数：0
除数不能为零。
请输入第一个整数：a
请输入一个整数。
请输入第一个整数：1
请输入第二个整数：2
x/y= 0.5
```

【程序解析】一个 except 可以处理多种异常情况，异常名写在圆括号中用逗号隔开，例如：

```python
except(ValueError,ZeroDivisionError):
    print('你输入的不是整数或除数为0')
```

3. 使用异常实例

　　如果希望在 except 语句中访问异常对象本身，或因为某种原因想记录下错误，可以给 except 语句增加一个参数变量 e（也可以是其他名称，如 n），except 语句会被写作 except(ValueError,ZeroDivisionError) as e:。

【例 3-16】带参数变量的异常捕捉。

【源程序】

```python
k=0
while(k<3):
    try:
        x=int(input('请输入第一个整数：'))
        y=int(input('请输入第二个整数：'))
        print('x/y=',x/y)
    except (ValueError,ZeroDivisionError)as e:    #e 就是异常类的一个实例
        print(e)
    k=k+1
```

【运行结果】

```
请输入第一个整数：1
请输入第二个整数：0
```

```
division by zero
请输入第一个整数: q
invalid literal for int() with base 10: 'q'
请输入第一个整数: 1
请输入第二个整数: 2
x/y= 0.5
```

4. 捕获所有异常

尽管程序能处理好几种类型的异常，但仍然可能漏掉某些情况。比如运行例 3-16 程序时，直接按 Ctrl+C 组合键，程序仍会终止执行，并显示如下的错误信息：

```
>>>
请输入第一个整数:
Traceback (most recent call last):
  File "C:\Python34\helloworld.py", line 4, in <module>
    x=int(input('请输入第一个整数: '))
  File "C:\Python34\lib\idlelib\PyShell.py", line 1394, in readline
    line = self._line_buffer or self.shell.readline()
KeyboardInterrupt
```

这个 KeyboardInterrup 异常逃过了 try/except 语句的检查。如果想捕捉所有异常，可以在 except 分句中省略任何异常类名。

【例 3-17】异常全捕捉，except 分句中不带任何异常类。

【源程序】

```
k=0
while(k<3):
    try:
        x=int(input('请输入第一个整数: '))
        y=int(input('请输入第二个整数: '))
        print('x/y=',x/y)
    except:                         #捕获所有异常
        print("输入错误")
    k=k+1
```

【运行结果】

```
>>>
请输入第一个整数:      (此处按下 Ctrl+C)
输入错误
请输入第一个整数: qs
输入错误
请输入第一个整数: 1
请输入第二个整数: 0
输入错误
```

【程序解析】在本例当中，try 语句块保持不变，只是在异常处理 except 语句中忽略所有的异常类。这样捕捉所有异常是危险的，因为它会隐藏所有程序员未想到并且未做好准备处理的错误，它同样会捕捉用户终止执行的 Ctrl+C 企图，以及用 sys.exit 函数终止程序的企图等。这时用 except Exception as e:会更好些，可以对异常对象 e 进行一些检查。

3.4.3　自定义异常类

3.4.2 节中介绍了如何捕捉异常，这些可能引发的异常类型是系统内置的，在某些错误出现时自动触发。但有些时候，程序员需要根据自己的需要设置异常。比如求解两个大于 1 的正整数 x、y 的最大公约数，当 x、y 的取值小于等于 1 时就认为是异常。本节讨论自定义异常、raise 语句与 assert 语句。

1. 自定义异常

首先要自己定义一个异常类。那么如何创建自己的异常类呢？就像其他类一样，只是要确保从 Exception 类继承，那么编写一个自定义异常类基本上就像下面这样：

```
class SomeCustomException(Exception):
    pass
```

其中，SomeCustomException 是自定义异常的名称，可以自己设定；Exception 是自定义异常所继承的基类，通常就是这个名称；后面跟一个 pass 空语句，表示现在什么也不用做，因为具体的异常处理代码可以写在自定义异常 SomeCustomException 的 except 异常处理语句 except SomeCustomException：中。

类和继承的概念将在第 7 章介绍，此处先不深究。

2. 抛出异常（引发异常）

要显式地触发异常，可以使用 raise 语句，其一般形式相当简单。raise 语句的组成是： raise 关键字，后面跟着可选的要引发的类或者类的一个实例：

```
raise <class>            # 创建并抛出类的实例
raise <instance>         # 抛出类的实例
```

对于内置异常，以上两种形式是对等的，都会引发指定的异常类的一个实例，但是，第一种形式隐式地创建实例。第二个 raise 形式是最常见的，直接提供一个实例，要么是 raise 语句中自带的，要么是在 raise 之前创建的。

【例 3-18】输入与输出一个人的姓名、年龄、月收入（输出年收入），根据每个项目的约束条件，人为地引发异常。在这里约定姓名字符串长度必须大于 2 小于 20，年龄在 18～60 岁之间，月工资大于 800 元，否则引发异常。

【源程序】

```
class StrExcept(Exception):          #自定义异常，对应字符串输入异常，StrExcept 是自定义异常类名称
    pass
class MathExcept(Exception):         #自定义异常，对应数值输入异常
    pass
while True:
    try:
        x=input('请输入你的名字（2-20 字符）:')
        if len(x)<2 or len(x)>20:
            raise StrExcept              #抛出异常
        y=int(input('请输入你的年龄（18-60）:'))
        if y<18 or y>60:
            raise MathExcept             #抛出异常
        z=int(input('请输入你的月工资（大于 800）:'))
        if z<800:
            raise MathExcept             #抛出异常
```

```python
        print('姓名:',x)
        print('年龄:',y)
        print('年收入:',z*12)
      break
    except StrExcept :
        print('输入名称异常')
    except MathExcept:
        print('输入数值异常')
    except Exception as e:
        print('输入异常',e)
```

【运行结果】

```
请输入你的名字（2-20 字符）:李
输入名称异常
请输入你的名字（2-20 字符）:李乐

请输入你的年龄（18-60）:15
输入数值异常
请输入你的名字（2-20 字符）:李乐
请输入你的年龄（18-60）:d
输入异常 invalid literal for int() with base 10: 'd'
请输入你的名字（2-20 字符）:李乐
请输入你的年龄（18-60）:30
请输入你的月工资（大于 800）:700
输入数值异常
请输入你的名字（2-20 字符）:李乐
请输入你的年龄（18-60）:30
请输入你的月工资（大于 800）:5000
姓名: 李乐
年龄: 30
年收入: 60000
```

3. assert 语句（断言）

assert 语句也称断言，是指期望用户指定的条件满足。它是当用户定义的约束条件不满足时触发 AssertionError 异常，所以 assert 语句可视为条件式的 raise 语句。该语句形式为：

```python
assert <test>,<data>          # <data> 是可选的
```

其中<test>是一个逻辑表达式，相当于是一个条件，<data>通常是一个字符串，是当<test>为 False 时提示信息。执行效果类似如下的代码。

```python
if not <test>:
    raise AssertionError(<data>)
```

换句话说，如果 test 计算为假，Python 就会引发 AssertionError 异常。

assert 语句用来收集用户定义的约束条件，而不是捕捉内在的程序设计错误，因为 Python 会自行收集程序的设计错误，会在遇见错误时自动引发异常。

【例 3-19】求 x 与 y 的最大公约数，使用 assert 语句来约束 x、y 取值为大于 1 的正整数。

【源程序】

```python
while True:
  try:
```

```python
    x=int(input('请输入第一个数: '))
    y=int(input('请输入第二个数: '))
    assert x>1 and y>1,'x 与 y 的取值必须大于1'        #断言
    a=x
    b=y
    if a<b:
        a,b=b,a                                        #a 与 b 的值互换
    while b!=0:                                         #使用辗转相除法求最大公约数
        temp=a%b
        a=b
        b=temp
    else:
        print('%s 和%s 的最大公约数为: %s'%(x,y,a))
        break
except Exception as e:                                  #异常处理
    print('捕捉到异常:\n',e)
```

【运行结果】

```
>>>
请输入第一个数: -3
请输入第二个数: 5
捕捉到异常:
 x 与 y 的取值必须大于1                                 #这是由断言产生的
请输入第一个数: e
捕捉到异常:
 invalid literal for int() with base 10: 'e'           #这不是断言产生的
请输入第一个数: 15
请输入第二个数: 55
15 和 55 的最大公约数为: 5
```

习　题　3

一、单选题

1. 设 a=int(input("input:")), 下列（　　　）是不正确的。

  A. if (a>0):   B. if a>=0:

     pass   pass

  C. if a=0:   D. if a==0:

     pass   pass

2. 下列程序的执行结果是（　　　）。

```python
for i in range(2):
    print (i,end=' ')
for i in range(4,6):
    print (i,end=' ')
```

  A. 2 4 6   B. 0 1 2 4 5 6   C. 0 1 0 1 2 3   D. 0 1 4 5

3. 下列循环的执行结果是（　　　　）。

```
sum=0
for i in range(100):
    if(i%10):
        continue
    sum=sum+i
print(sum)
```

  A. 5050   B. 4950   C. 450   D. 45

4. 下面标识符中（　　　）不是 Python 语言的关键字。

  A. init   B. break   C. continue init   D. pass

5. 下列错误信息中，（　　　）是异常对象的名字。

```
Traceback (most recent call last):
  File "<pyshell#22>", line 1, in <module>
    print(b=a)
TypeError: 'b' is an invalid keyword argument for this function
```

  A. Traceback   B. TypeError

  C. invalid keyword argument   D. b

二、编程题

1. 编写程序，求三个数中的最大数。

2. 输入一个整数，判断这个数是正数、负数还是 0。

3. 输入一个正整数 n，利用 for 语句，计算 $n!$。

4. 输入一个正整数，利用 while 语句，计算 $[1,n]$ 内所有奇数的和。

5. 输入高度（行数），输出一个用星号*构成的等腰三角形，如下图所示。

```
   *
  ***
 *****
*******
```

6. 在歌星大赛中，有 10 个评委为歌手打分，分数为 1 ~ 100 分。歌手最后得分为：去掉一个最高分和一个最低分后的平均值。请编写程序，输入 10 个分数，计算平均分。

7. 求所有的水仙花数。水仙花数是指一个三位数，其个位、十位、百位 3 个数的立方和等于这个数本身。

8. 已知 A、B 是质数，且 $A+B=90$，求 A 和 B。

9. 编写程序，找出某段范围内的完数。如果一个数等于它的因子之和，则称该数为"完数"。例如，6 的因子为 1，2，3，而 6=1+2+3，因此 6 是"完数"。

10. 捕鱼和分鱼问题。A、B、C、D、E 五人夜里去捕鱼，很晚才各自找地方休息。日上三竿，A 第一个醒来，他将鱼分成五份，把多余的一条扔掉，拿走自己的一份。B 第二个醒来，他也将鱼分成五份，把多余的一条扔掉，拿走自己的一份。C、D、E 依次醒来，也按同样的方法拿走鱼。问他们合伙至少捕了多少条鱼？

11. 假设一个成年人的体重与身高存在此种关系：身高（厘米）– 100=标准体重（千克），如果一个人体重与其标准体重的差值在正负 5%之间显示"体重正常"，其他显示"体重超标"或"体重不达标"。编写程序，能处理输入异常，使用自定义异常类处理身高小于 30cm，大于 250cm 的异常情况。

12. 录入一个学生的成绩，把该学生的成绩转换成 A：优秀、B：良好、C：合格、D：不及格的形式，最后将该学生的成绩打印出来。要求使用 assert 断言处理分数不合理的情况。

13. 求 π 的近似值。将 arctan（x）在 x=0 展开，得

$$\arctan(x) = x - \frac{x^3}{3} + \frac{x^5}{5} - \frac{x^7}{7} + ... = \lim_{i=1}(-1)^{i+1}\frac{x^{(2i-1)}}{2i-1}$$

当 x=1 时，arctan(x)=π/4，从而这个级数即可以计算 arctan(x)的近似值，又可以计算 π 的近似值：

$$\pi = 4\left(1 - \frac{1}{3} + \frac{1}{5} - \frac{1}{7} + \cdots\right)$$

利用上式编程计算 π 的近似值，通项的绝对值小于 10^{-10} 时停止。

14. 用户输入 n，计算序列 1/1,1/2,2/3,3/5,5/8,...,第 n 项的值，观察当 n 较大时，第 n 项的近似值是个什么样的数。

15. 猴子吃桃问题。第一天，猴子摘下一堆桃子，当天吃了一半，感觉没吃够，又吃了一个。以后每天如此，到第 10 天的时候，发现只剩下一个桃子了。编程计算第一天猴子摘了多少桃子。

16. 谁是小偷。某小区发生盗窃案，有四个人嫌疑最大，警察找来讯问。

A 说：不是我。

B 说：是 C。

C 说：是 D。

D 说：他冤枉人。

四人中有一人说了假话，请编程分析谁是小偷。

第4章 函数

函数是一段预先定义的、可以被多次重用的代码，它往往用来实现一个独立的特定功能。Python中有很多预定义的函数，这使得它比其他语言更方便。

如果有若干段代码执行逻辑完全相同，仅仅是初始数据不同，那么可以考虑将这些代码抽象成为一个自定义的函数。这样就可以大大提高代码重用性，使之条理更清晰，可靠性更强。

Python语言有许多内建的函数，第2章表2-3列出了一些常见的内建函数，这些函数可以直接使用。

还有些函数包含在一些Python的标准模块中，如一些数学函数包含在math模块中。为了利用math模块中的函数，首先要用关键字import将其引入。下面是使用log函数的方法：

```
>>> import math
>>> math.log(100,10)
2.0
```

上面的log函数计算以10为底100的对数。

本书无法详述所有的内建函数和模块中的库函数，要用好这些函数，请查询相应的技术手册。下面主要讲如何自定义函数。

4.1　函数的定义

函数的定义就是说明一段程序是一个函数。

4.1.1　函数定义的一般格式

在实际编程过程中，程序员使用自定义的函数是必不可少的。定义函数的一般格式为：

```
def  函数名（<形式参数表> ）
    <函数体>
```

其中：

① def为定义函数的关键字，它和后面的函数名必须以空格分开。

② 函数名不应当与内建函数或变量重名，不能以数字开头。

③ 形式参数表包含在函数名后面的圆括内，参数可以有多个（用逗号隔开），也可以没有参数。这里的参数称为形式参数，简称形参。

④ 函数体所有语句必须相对于第一行缩进，以表明它们是函数内部的语句。

⑤ 函数可以没有返回值。如果有返回值，可以在函数体内部使用 return 语句将数据反馈给调用者，其格式为：

```
return   <表达式>
```

return 语句一旦执行，该函数就会结束。

⑥ 函数运行结束后，程序运行流程就会返回调用此函数的程序段，继续执行。

下面给出一个函数的例子。

【例 4-1】编写函数求出区间[i, j]内所有整数的和。

【源程序】

```
def mySum( i, j ):                 # i, j 为形式参数, 简称形参
    s = 0
    for k in range(i,j+1):
        s = s + k
    return s
print(mySum(1,100))                # 1, 100 为实际参数, 称为实参
```

【运行结果】

```
5050
```

【程序分析】

这段程序定义了一个函数，函数名为 mySum，但是定义一个函数并不代表执行这个函数，故此才需要最后一句来调用这个函数。换言之，系统是因为要执行语句 print(mySum(1,100))，所以才先执行 mySum 函数，并将计算结果 5050 返回给 print 语句用于屏幕输出。这个过程就是函数调用。

4.1.2　lambda 函数的定义

Python 允许用单行的表达式定义一个函数——lambda 函数。定义 lambda 函数的形式如下：

```
函数名=lambda 参数:表达式
```

这种函数默认返回表达式的值。它可以接收多个参数(用逗号隔开)，可包括默认参数，但是表达式只能有一个。下面的 lambda 函数实现两个变量相加：

```
>>> g = lambda x,y: x+y
>>> g(5,4)
9
```

下面的 lambda 函数使用了默认参数（y，z 的值默认为 0）：

```
>>> g = lambda x, y=0, z=0: x+y+z
>>> g(5)
5
```

也可以直接使用 lambda 函数，不把它赋值给变量（不使用函数名）：

```
>>> (lambda x,y=0,z=0:x+y+z)(4,5,6)
15
```

如果不把 lambda 函数赋给某个变量，这个函数就连个名字都没有了，因此 lambda 函数有时也称匿名函数。

如果要定义的函数非常简单，只有一个表达式，可以考虑 lambda 函数。否则，还是建议定义一个普通的函数。

4.2　函数的调用

函数的调用就是函数的使用。定义的函数只有通过调用才会被执行，才能得到需要的计算结果。

4.2.1　函数调用的格式

函数调用的一般格式为：

```
函数名（ <实际参数表> ）
```

这里介绍一下形式参数和实际参数，在定义函数时函数名后面圆括号中的变量名称叫做"形式参数"，或简称为"形参"，它们的值是不确定的；在调用函数时，函数名后面圆括号中的变量名称叫做"实际参数"，或简称为"实参"，它们的值是确定的。例如，例 4-1 中定义函数语句中的 i 和 j 就是形式参数，而语句 mySum(1,100) 中的 1 和 100 就是实际参数。实际参数可以是数据、变量，甚至是表达式（只要表达式的结果符合形式参数的要求即可）。

4.2.2　函数出现的位置

函数被调用时，其出现的位置主要有下面三种。

（1）作为单独的语句出现。例如：

```
MyPrint('Wang')                          #假定函数 MyPrint 输出 Hello, Professor Wang
```

（2）出现在表达式中。例如：

```
C = 2*mySum(1,100)                       # mySum 是例 4-1 的函数
```

（3）作为实际参数出现在其他函数中。例如：

```
#max 函数计算 5000 和 mySum(1,100) 结果的最大值
M = max(5000, mySum(1,100))              #mySum 是例 4-1 的函数
```

另外，函数的调用是可以嵌套进行的。比如，函数 A 调用函数 B，而函数 B 中又调用了函数 C，函数 C 执行完毕其结果可以返回给函数 B，同样函数 B 执行完毕其结果还可以进一步返回给函数 A。

4.2.3　参数传递方式：位置绑定

位置绑定参数是指按位置传递参数，就是调用函数时，实际参数的数量、顺序都和形式参数一致，实参和形参从左到右一一对应。下列函数用于输出姓名、年龄和性别：

```
def info(name,age,sex):                        #定义函数 info
    print('name :',name,'age:',age,'sex:',sex) #函数功能显示:姓名、年龄、性别
```

如果按照位置传递参数，就可以这样调用：

```
info('张三', 30, '男')
```

这里'张三'对应形参的 name，30 对应 age，'男'对应 sex。它们从左至右一一对应，切不可将位置搞错。

4.2.4　参数传递方式：关键字绑定

关键字绑定参数是按关键字传递参数，调用时在括号内写成"形式参数名=数值"的形式将数据传递给某个参数。比如可以用下面语句调用前面的 info 函数：

```
info(age=25, name="王五",sex='男')
```

这样就将 25 传递给了 age，将"王五"传递给了参数 name。

位置绑定参数和关键字绑定参数可以在满足特定条件时混合使用，该条件是：所有关键字绑定参数必须出现在位置绑定参数之后。如可以这样使用 info 函数：

```
info("王五",sex='男', age=23)
```

在这里的函数调用中，由于第二个参数（不是第二个形式参数）采用按关键字传递，因此之后的参数必须全部按关键字传递。

4.2.5　为形参指定默认值

在定义函数时，可以用赋值符号给某些形参指定默认值，这样当调用该函数的时候，如果调用方没有为该参数传递数值的话，则使用默认值；如果调用该函数的时候为该参数传递了数值的话，则使用传递的值。下列函数为参数 arg1、arg2 和 arg3 指定默认值。

```
def fun(arg1=1,arg2=2,arg3=3):        #定义函数，三个参数的默认值分别是1,2,3
    print( 'arg1 = ', arg1)
    print( 'arg2 = ', arg2)
    print( 'arg3 = ', arg3)
```

若要使用默认值调用上面的函数，直接使用 fun() 即可（三个参数的值分别为 1,2,3）。

需要注意的是，如果一个函数的某个参数指定了默认值，则这个参数后的所有参数都必须指定默认值。例如，下面的定义是合法的：

```
def fun(arg1,arg2=2,arg3=3)           #指定函数后两个参数有默认值
def fun(arg1,arg2, arg3=3)            #指定函数最后一个参数有默认值
```

而下面的定义是错误的：

```
def fun(arg1,arg2=2,arg3)             #错误，默认值参数必须放在无默认值参数后面
```

【例 4-2】在屏幕上输出 m 行 n 列的由某种符号构成的空心矩形。其中，m、n 及组成矩形的符号由用户输入。

【源程序】

```
# 在字符界面下输出一个字符矩形
def drawRect( m, n=5, char='*' ):      #默认列数为 5，默认字符为'*'
    for i in range(0,n):               # 输出第一行连续 n 个字符
        print(char,end="")
    print()                            # 换行
    for i in range(1,m-1):             # 输出中间 m-2 行
        print(char,end="")             # 输出本行第一个字符，不换行
        for j in range(1,n-1):         # 输出本行 n-2 个空格
            print(' ',end="")
        print(char)                    # 输出本行最后一个字符，然后换行
    for i in range(0,n):               # 输出最后一行连续 n 个字符
        print(char,end="")
    print()
```

```
def main():                          #定义 main 函数
    drawRect(3)                      #调用画矩形函数，只给行数 3,列数和字符默认
    drawRect(n=8,m=3,char='@')       #调用画矩形函数，使用关键字绑定传递参数
    row = int(input("请输入矩形行数: "))
    col = int(input("请输入矩形列数: "))
    drawRect(row,col,'&')            #调用画矩形函数，使用位置绑定传递参数
main()                               #调用 main 函数
```

【运行结果】
```
*****
*   *
*****
@@@@@@@@
@      @
@@@@@@@@
请输入矩形行数：4
请输入矩形列数：6
&&&&&
&   &
&   &
&&&&&
```

【程序分析】

这里通过最后一行的主函数 main 启动程序，语句 drawRect(3)按位置绑定传递参数且使用了两个默认参数；语句 drawRect(n=8,m=3,char='@')使用了关键字绑定的传参方法；而主函数中的最后一个语句 drawRect(row,col,'&')完全采用了位置绑定传递参数。

4.2.6　两种可变长参数

在定义函数时，可以为函数指定可变长参数，具体讲就是传入的参数个数是可变的，可以是任意个，也可以是零个。在 Python 中，有两种变长参数，分别是元组变长参数和字典变长参数。

含有变长参数的函数的定义方式是：

```
def 函数名( arg1, arg2, …, *tuple_args, **dic_arg )
```

这里的 arg1、arg2 表示普通的形式参数，*tuple_args 表示一个元组变长参数，该参数可以接收一组任意长的数据；**dic_arg 表示一个字典变长参数，该参数可以接收多个关键字形式的参数，即按照"参数 1=数据 1，参数 2=数据 2，……"的形式赋值的参数。

元组和字典都是 Python 中的内置数据类型，元组表示为包含在()括号中的一组数据，如(1,2,'a')；而字典可表示为包含在{}括号中若干形式为"key:value"的数据，如{name:'张三', age:23}。关于元组和字典的详细讲解可参看第 5 章。

元组变长参数和字典变长参数可以同时使用，也可以只使用其中一个。

对于一个含有变长参数的函数而言，当传入的参数多于参数表前部的普通形式参数的个数时，则后续的参数将根据写法的不同，按顺序插入一个元组 tuple_args 中或者插入一个字典 dic_arg 中。

假设有下面这样一个函数：

```
>>>def varArg( arg, other_arg='default', *tuple_arg, **dic_arg ):
       print( "无默认值参数: ", arg)
       print( "有默认值参数: ", other_arg)
```

```
    print( "元组变长参数: ", tuple_arg)
    print( "字典变长参数: ", dic_arg)
```

其中 arg 是无默认值参数，other_arg 是指定默认值的参数，后面两个分别是元组变长参数和字典变长参数。下面看一下它的几种执行情况。

执行情况一：

```
>>>varArg(1,'second')
无默认值参数:  1
有默认值参数:  second
元组变长参数:  ()
字典变长参数:  {}
```

这种情况仅仅带入 2 个参数，刚好和非变长参数的个数对应，这时元组变长参数和字典变长参数均为空。

执行情况二：

```
>>>varArg(1,'second','a','b','c')
无默认值参数:  1
有默认值参数:  second
元组变长参数:  ('a', 'b', 'c')
字典变长参数:  {}
```

这种情况带入了 5 个参数，后 3 个数据全部放入元组 tuple_arg 中，而字典变长参数仍为空。

执行情况三：

```
>>>varArg(1,'second',u=1, v=2, w=3)
无默认值参数:  1
有默认值参数:  second
元组变长参数:  ()
字典变长参数:  { 'u': 1, 'v': 2, 'w': 3}
```

这情况也是带入了 5 个参数，这里后 3 个参数按照关键字绑定参数的形式传入数据，结果后 3 个参数全部放入字典 dic_arg 中，而元组变长参数为空。

执行情况四：

```
>>>varArg(1,'second','a','b','c',u=1, v=2, w=3)
无默认值参数:  1
有默认值参数:  second
元组变长参数:  ('a', 'b', 'c')
字典变长参数:  {'u': 1, 'v': 2, 'w': 3}
```

第四种情况中，除了前两个参数外，后面 6 个参数中'a'、'b'、'c'按照普通形式带入，结果这 3 个参数放入了元组 tuple_arg，而 u=1、v=2、w=3 按照关键字绑定参数的形式带入，这 3 个参数放入了字典 dic_arg 中。

在 Python 中定义函数时，可以同时使用无默认值参数、有默认值的参数、元组变长参数和字典变长参数。但是请注意，参数定义的顺序必须是：无默认值参数、有默认值的参数、元组变长参数和字典变长参数。四种参数的位置不可调换。

另外，对于元组变长参数，调用函数时可以传入一个元组；而对于字典变长参数，调用函数时可以传入一个字典。例如，可以用下面的方式调用前面的 varArg 函数：

```
>>>args = (1, 2, 3, 4)                          #args 为元组
>>>kw = {'x': 99}                               #kw 为字典
>>>varArg(1, 'second',*args, **kw)              #变长参数的函数调用，注意*，**不可少
```

在含有变长参数的函数中，需要使用元组或字典的有关操作获取其中的各个参数值，而后进行相关处理。

4.2.7　返回多个数值

在 Python 语言中，函数的 return 语句可以返回多个数值，比如下面的例子中函数就返回两个数值。

【例 4-3】编写函数,计算三门课程的总分和平均分。

【源程序】

```
def calc_grade( math, english, chinese):
    Sum = math + english + chinese
    Avg = float(Sum/3)
    return Sum, Avg                      #返回多个计算结果
sumOfGrade, GPA = calc_grade( 88, 76, 85)       #函数调用
print('成绩总和: ',sumOfGrade)
print('平均成绩: ',GPA)
```

【运行结果】

```
成绩总和: 249
平均成绩: 83.0
```

【程序分析】

这里返回了总分和平均分两个数据，这是许多其他高级语言不具备的特性。但是，事实上函数返回值仍是一个对象，是一个元组！另外，多个变量可以同时接收一个元组的信息，按位置将元组中对应的值赋给这些变量：

```
sumOfGrade, GPA = calc_grade( 88, 76, 85)
```

4.3　变量的作用域

在一个程序文件中可能有多个函数，而在这些函数中可能会用到同名的变量，如可能都用 i 或 j 作为循环变量。不同函数中的同名变量如果互相影响，则会给编程带来不小的麻烦。另一方面，有些时候人们希望一些变量可以在不同函数中共享，以便传递数据。这些问题都和变量作用域有关。

4.3.1　局部变量和全局变量

在一个函数中定义的变量一般只能在该函数内部使用，这种只能在程序的特定部分使用的变量称为**局部变量**。在一个文件中所有函数之外定义的变量可以供该文件中的任何函数使用，这种变量称为**全局变量**。

下面代码测试变量的局部性和全局性。

```
globalInt = 9           #定义全局变量
def myAdd():
```

```
    localInt = 3                #在函数中定义一个局部变量
    return globalInt + localInt
print(myAdd())                  # 正确输出 12
print(globalInt)                # 正确输出 9
print(localInt)                 # 错误 localInt 是局部变量
```

在函数 myAdd 中可以使用外部定义的全局变量 globalInt，故 myAdd()的返回结果为 12。由于 myAdd 是全局可访问函数，所以 print(myAdd())是正确的。由于 globalInt 是全局变量，因此 print(globalInt)是正确的。但是由于局部变量 localInt 只能在函数 myAdd()中使用，因此 print(localInt) 错误。

如果定义了一个全局变量，然后又在函数中用同样的名字定义了一个局部变量，那么，在局部变量的作用范围内（也就是该函数内），全局变量不起作用，只有局部变量起作用。比如下列代码：

```
g = 9                   #定义全局变量
def test():
    g = 3               #定义一个局部变量，并且与前面定义的全局变量重名
    print('g =', g)
test()                  # 输出 g = 3
print(g)                # 输出 9
```

在 test 函数中，局部变量 g 取代了同名的全局变量，因此输出 3。而在 test 函数之外，变量 g 仍然是全局变量，故 print(g)仍然输出 9。

只要在函数中对某个变量赋值，不论赋值语句在函数中哪个位置，都是在函数中创建了一个局部变量。而任何变量不可能在创建之前被使用，因此下面程序段有错误：

```
g = 9                   #定义全局变量
def test():
    print('g =', g)     #错误，局部变量（下一句定义）在赋值前被使用
    g = 3               #定义一个局部变量，且与前面定义的全局变量重名
```

上面 test 中的语句 g=3 就创建了一个局部变量，因此 print('g =', g)语句中的 g 也是局部变量，而变量在赋值前（即创建之前）被使用是错误的。基于同样的理由，下面的代码也是错误的：

```
g = 9                   #定义全局变量
def test():
    g = g+1             # 错误，局部变量在赋值前被使用
```

考察上面的语句 g = g+1。对左侧的变量 g 而言相当于一个赋值语句，也就是创建了一个局部变量。于是右侧的 g+1 相当于在变量赋值前使用了变量 g，产生错误。

4.3.2 用 global 声明全局变量

在一个函数内，全局变量可以放到表达式中进行计算、输出，但不可以在声明该变量为全局变量之前直接对其赋值，那样等于创建了一个同名的局部变量。为了在函数中对全局变量进行赋值、修改，需要在函数中声明该变量是全局变量。请看下列代码：

```
g = 0                   #定义全局变量
def bindVar():
    global g            #在函数中声明 g 是全局变量
    g = g+1
    return g
```

```
print(bindVar())          #输出 1
print('g=',g)             #输出 g= 1
```

在上面的 bindVar 函数中，声明 g 是全局变量，因此后续的操作也就是对全局变量 g 的操作。其实，使用 global 修饰符后，即使全局变量在函数内创建，也一样可以在函数外部使用。下面的代码与上面的代码段效果完全相同。

```
def bindVar():
    global g              #在函数中声明 g 是全局变量
    g = 0                 #创建变量
    g = g+1
    return g
print(bindVar())
print('g=',g)
```

这里 print 函数输出的变量 g 是在函数中定义的全局变量。

显然，在函数中声明全局变量时，global 修饰符才比较有意义，如果变量本身就是在所有函数之外定义的全局变量，再加上 global 修饰符就没有太大意义了。

现在将在函数中与全局变量重名的变量的作用域做一个全面的总结。

（1）如果该变量没有在函数中用 global 语句声明为全局变量，那么

① 如果在函数内部对该变量进行了赋值操作，此变量就是一个局部变量。其他任何使用该变量的语句一定要在赋值语句之后。

② 如果在函数内部从未对该变量进行赋值操作，那么对于该函数来说，此变量是全局变量。

（2）如果该变量在函数中用 global 语句声明为全局变量，那么无论是否在函数中对其进行了赋值操作，该变量都将作为全局变量。

由于名称相同的局部变量和全局变量在使用时很容易误用，且使得程序可读性变差，所以建议尽量不要定义名称相同的局部变量和全局变量。

4.3.3　内嵌函数及其作用域

Python 语言允许在一个函数内部嵌套定义一个或多个函数。

【例 4-4】内嵌函数的例子。

【源程序】

```
def f1():
    x = y = 2
    def f2():
        y = 3
        print('f2 函数内 x =', x)
        print('f2 函数内 y =', y)
    f2()
    print('f1 函数内 x =', x)
    print('f1 函数内 y =', y)
f1()
```

【运行结果】

```
f2 函数内 x = 2
f2 函数内 y = 3
f1 函数内 x = 2
f1 函数内 y = 2
```

【结果分析】

在本例中，x 是函数 f1 的变量，同时在函数 f2 中仍然有效，类似于一个全局变量，因此在 f2 中 x 为 2。另外，在函数 f2 中定义了局部变量 y，因此在 f2 中局部变量 y 取代了函数 f1 中的同名变量 y，所以在 f2 中 y 的值为 3。

这里函数 f2 是内嵌于函数 f1 的函数，内嵌函数可以较方便地处理一些仅仅在某个函数内部反复执行的操作。由于函数 f2 内嵌于函数 f1，因此 f2 只在函数 f1 中有效。

注意，在 Python 语言中，函数（包括 lambda 函数）的定义会产生一个变量作用域，而 if、while、for 等复合语句并不能产生新的作用域。

4.4 递 归 函 数

在一个函数内部，可以调用其他函数。如果在一个函数内部调用其自身，这个函数就是**递归函数**。

4.4.1 递归算法的思想

递归作为一种编程方法在程序设计中被广泛应用，它常常把一个大型复杂的问题一步步转化为一个与原问题相似的规模较小的问题来求解。递归算法通常只需要少量代码就能实现解题过程的多次重复计算，大大减少了代码量。下面先看一个例子。

【例 4-5】编程求 $n!$ 的值，其中 n 为正整数。

【问题分析】

当 $n>1$ 时，求 $n!$ 的问题可以转化为求 $n\times(n-1)!$ 的新问题。设函数 $f(n)=n!$，则有 $f(n)=n\times f(n-1)$。于是函数 f 调用了自身（只是参数不同而已）。所以可以定义阶乘的递归函数形式：

$$f(n)=\begin{cases} 1 & , \ n=1 \\ n\times f(n-1) & , \ n>1 \end{cases}$$

如果要计算 f(4)，可以根据函数定义看到计算过程如图 4-1 所示。

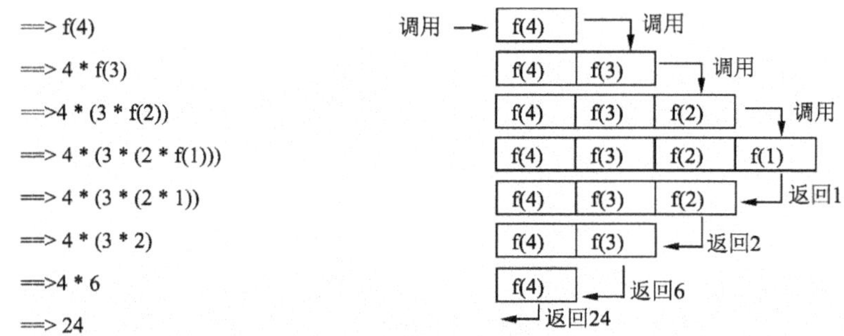

图 4-1　递归函数执行过程

这个过程前半部分是函数依次递归调用、逐层深入的过程，后半部分是遇到 $f(1)$ 之后，函数逐层返回的过程。这个递归函数很容易转化为下面的程序。

【源程序】

```python
def f(n):
    if n==1:                        #n=1时，结果是1
        return 1
    return n * f(n - 1)             #n 不等于1时，n!=n*(n-1)!，(n-1)!由 f(n-1)获得
n = int(input('输入正整数n: '))
print('n! = ',f(n))                 #函数调用
```

【运行结果】

```
输入正整数n: 20
n! = 2432902008176640000
```

由上面这个简单的例子可知使用递归算法需要两个条件。

（1）原问题可以通过解决一个或多个更小规模的相似问题进行求解（即有递推关系）。

（2）必须有一个明确的递归结束条件（又称递归出口），即当问题规模小到一定程度时，问题的解答可以直接得到，不再进行递归调用。

在求 $n!$ 的问题中，$n=1$ 的情形就是递归结束条件，而 $f(n)=n\times f(n-1)$ 就是递推关系。

这里解释一下函数调用过程中系统栈的概念。任何函数调用都借助系统栈实现，递归调用也不例外。栈如桶装乒乓球的纸筒结构，一端封闭，另一端可以放入或取出对象，是一种后进先出的存储结构。每次运行一个函数时，系统会为这层函数构造一个由局部变量、当前运行状态（如正在执行哪个语句）等信息组成的活动记录，并将其放入由系统提供的运行时刻栈的栈顶。函数运行结束时，系统会将栈顶的记录退栈，这时栈顶部的记录就变成上一层函数的记录信息。

举个例子，假设函数 A 运行，则系统栈放入对应的记录 Record_A；若函数 A 调用了一个函数 B，则系统会为函数 B 构造活动记录 Record_B 并将其放入栈中成为栈顶对象。若函数 B 执行完毕，则 Record_B 被删除，记录 Record_A 又成为栈顶对象，其中的运行信息被读出来，再加上函数 B 返回的信息，共同作为函数 A 继续运行的条件。

图 4-1 右侧的部分显示了调用函数 f(4)时系统堆栈的变化情况。先是依次创建并添加函数调用 f(4)、f(3)、f(2)、f(1)的记录，然后又倒序依次退栈，最终函数返回计算结果。

函数调用是通过栈结构实现的，每当进入一个函数调用，栈就会加一层记录，每当函数返回，栈就会减一层记录。由于栈的大小不是无限的，所以，递归调用的次数过多，会导致栈溢出。对于阶乘来说，目前的个人计算机一般无法算出 f(2000)的结果。

4.4.2　递归函数的应用

【例 4-6】汉诺（Hanoi）塔问题。

古代有一个梵塔，塔内有 A、B、C 三个基座，A 座上有 64 个盘子，盘子大小不等，大的在下，小的在上（见图 4-2）。有人想把这 64 个盘子从 A 座移到 C 座，但每次只允许移动一个盘子，并且在移动过程中，3 个基座上的盘子始终保持大盘在下，小盘在上。在移动过程中盘子可以放在任何一个基座上，不允许放在别处。编写程序，用户输入盘子的个数，显示移动的过程。

A 座　　B 座　　C 座

图 4-2　只有 3 个盘子的汉诺塔

【问题分析】

假定盘子从大到小依次编号为：盘 1，盘 2，……。

（1）如果只有一个盘子，则不需要利用 B 座，直接将盘子从 A 移动到 C。

（2）如果有 2 个盘子，可以先将盘 2 移动到 B；将盘子 1 移动到 C；再将盘子 2 移动到 C。这说明了：可以借助 B 将 2 个盘子从 A 移动到 C，当然，也可以借助 C 将 2 个盘子从 A 移动到 B。

（3）如果有 3 个盘子，那么根据 2 个盘子的结论，可以借助 C 将盘 2 和盘 3 从 A 移动到 B；将盘子 1 从 A 移动到 C，A 变成空座；借助 A 座，将 B 上的两个盘子移动到 C。

上述思路可以一直扩展下去。根据以上的分析，可以写出下面的递归表达：

$$\text{借助 B 将 } n \text{ 个盘子从 A 移到 C} \begin{cases} \text{将一个盘子从 A 移到 C} & , n=1 \\ \begin{cases} \text{借助 C 将 } n\text{-1 个盘子从 A 移到 B} \\ \text{将一个盘子从 A 移到 C} \\ \text{借助 A 将 } n\text{-1 个盘子从 B 移到 C} \end{cases} & , n>1 \end{cases}$$

为了编写一个递归函数实现"借助 B 将 n 个盘子从 A 移到 C"，比较等式左右两边相似操作，会发现：

（1）盘子的数量从 n 变化到 n-1，问题规模缩小了，显然 n 是一个可变的参数。

（2）盘子的初始位置是变化的，等式左侧是 A，右侧是 A 或 B。

（3）盘子的最终位置是变化的，等式左侧是 C，右侧是 B 或 C。

（4）同样被借助的位置也是变化的。

因此，递归函数共有盘子数、初始位置、借助位置和最终位置 4 个变量，因此函数有 4 个可变参数。假定函数的参数依次为盘数、初始位置、借助位置和最终位置，则可写出下面函数。

【源程序】

```python
# 下列函数中，n-盘数、ch1-初始位置、ch2-借助位置、ch3-最终位置
def Hanoi(n, ch1, ch2, ch3):
    if n==1:                    # 盘子数量为1，打印结果后，不再继续进行递归
        print(ch1,'->',ch3)     # 移动一个盘子从 ch1 到 ch3
    else:                       # 盘子数量大于1，继续进行递归过程
        Hanoi(n-1,ch1,ch3,ch2)
        print(ch1,'->',ch3)     # 移动一个盘子从 ch1 到 ch3
        Hanoi(n-1,ch2,ch1,ch3)
N=int(input("请输入盘子的数量:"))
Hanoi(N,'A','B','C')
```

【运行结果】

```
请输入盘子的数量:3
A -> C
A -> B
C -> B
A -> C
B -> A
B -> C
A -> C
```

若有 3 个盘子，则调用函数的方式为 Hanoi(3,'A','B','C')，函数执行过程如图 4-3 所示。图 4-3 中的序号表示程序的执行顺序，有箭头的线表示调用函数或从函数返回，无箭头的线表示上面的函数所执行的语句。

很多初学者都感到汉诺塔问题的解决思路可以明白，但是对于汉诺塔问题的递归程序却不太理解。笔者认为主要问题是对于递归函数调用过程没有透彻的理解以及对于局部变量的认识不够深刻。在汉诺塔函数的递归调用过程中，每一层调用都产生一层系统堆栈信息，它们互不相关，就是说每一层 Hanoi 函数中变量 n、ch1、ch2、ch3 都是不同的局部变量。同时由于 ch1、ch2、ch3 的取值都可以是'A'、'B'、'C'，这使得仅靠凭空想象难以了解每一层函数中 ch1、ch2、ch3 到底是什么值。又由于 Hanoi 函数两次调用自身，因此这一函数递归过程比起前面的阶乘而言复杂很多。因此仔细研究并理解图 4-3 的执行过程对于递归的理解很有裨益。

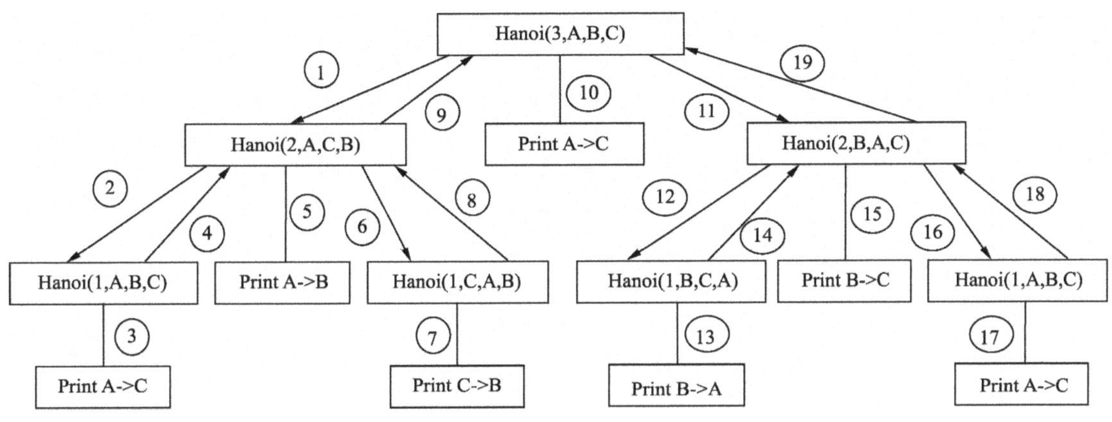

图 4-3　有 3 个盘时函数执行过程

4.5　结构化设计方法浅析

结构化开发方法是一种相当成功的传统软件开发方法。它的基本思想是"自顶向下，逐步求精，模块化设计"，采用从大到小、从粗到细、从总体到细节的策略将复杂问题化为简单问题进行求解。

4.5.1　自顶向下逐步求精的思想

模块化设计思想就是要把软件分为不同的功能模块，各个击破。这样就简化了问题，提高了代码的复用性。然而，现实问题的复杂程度各不相同，模块的划分可粗可细。如果模块太大、太复杂，则对应的函数也就庞大而杂乱；如果模块太小、太多，则函数的数量可能会很多，从而使得整个软件结构变得复杂难懂。如何划分模块才是适当的呢？关于这个问题专家只是给出了一些原则，比如模块的功能应清晰、单纯，模块之间的联系应当尽量少一些，以减少模块间的干扰，等等。实际上，模块应当如何划分往往需要具体问题具体分析，在此过程中开发人员的经验起着十分重要的作用。

虽然对于一个具体问题该如何划分模块没有明确答案，结构化设计方法还是给了我们模块化分解过程的总体思路——自顶向下、逐步求精。联系本书已经学习过的内容，可以按下面方法进行程序设计：首先从信息处理的流程出发，将问题分解为少量的步骤，或者说是比较大的模块；然后将这些模块分别进一步细化，逐层向下分解，如图 4-4 所示。分解的结果是底层的模块是一些功能较为单一的、规模适当的模块，这些模块比较适合用一个函数构建。

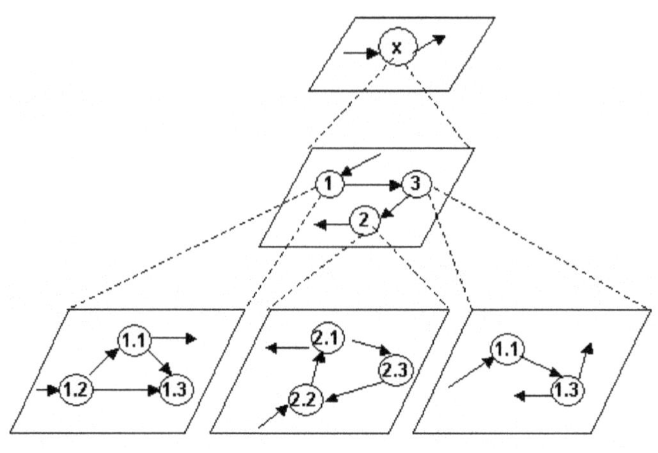

图 4-4　自顶向下模块化分解过程

4.5.2　案例：输出某个月的月历

【例 4-7】已知 1800 年 1 月 1 日是星期三，现在要求根据用户输入的年份（≥1800）、月份，在屏幕上打印出当月的月历，运行效果如下：

```
请输入年份（大于1800的4位整数）：1900
请输入月份（1-12）：1
        January    1900
--------------------------------

Sun Mon Tue Wed Thu Fri Sat
      1   2   3   4   5   6
  7   8   9  10  11  12  13
 14  15  16  17  18  19  20
 21  22  23  24  25  26  27
 28  29  30  31
```

【问题分析】下面采用逐步求精的方法进行分析设计。

第一步，可将问题分为两个部分：输入数据、输出完整日历信息，如图 4-5 所示。这里的模块 1.0 非常简单，不再分解。而模块 1.1 较为复杂，需要进一步细化。

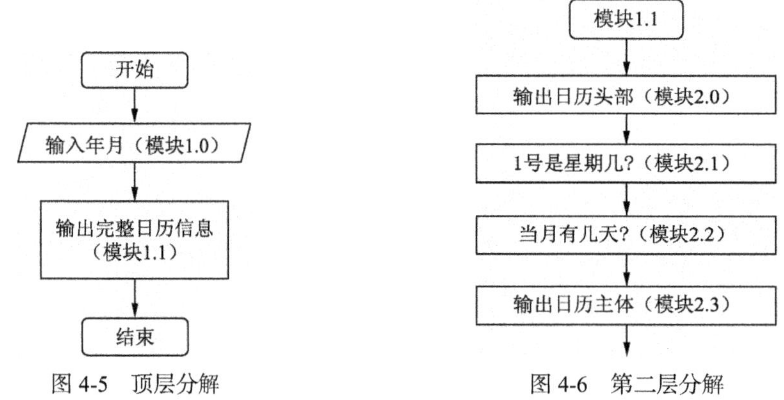

图 4-5　顶层分解　　　　　　　　　　　图 4-6　第二层分解

第二步，将模块 1.1 分解成四个子模块：输出日历头部、计算 1 号是星期几、计算当月有几天、输出日历主体，如图 4-6 所示。

这里各模块都不算大，所以可以考虑一下各个模块的实现思路，看看有无必要继续分解。

模块 2.0——输出日历头部。

根据月份得到月份名称；

输出月份日历的头部信息。

模块 2.1——计算 1 号是星期几。

计算 1800 年 1 月 1 日至用户输入的月份的 1 日共有多少天(要考虑闰年)；

(以上总天数+3)对 7 求余可得答案（1800 年 1 月 1 日是星期三）。

模块 2.2——当月有几天。

根据用户输入的月份得到当月有几天(需要考虑闰年)。

模块 2.3——输出日历主体。

循环输出当月日历主体，当（日期+当月 1 号是星期几）%7 为零时就是遇到了星期天，可以换行。

分析至此，可见每个模块大小都比较适中，可以开始对每个模块编程了。当然，模块的划分可以有多种方案，比如"计算 1800 年 1 月 1 日至用户输入的月份的 1 日共有多少天"也可以划分为一个模块，由于本程序其他地方并不需要使用这一结果，故下面的参考程序中并未将这部分写成一个函数。

【参考程序】

```python
# 输出完整日历信息
def prnMonth( year, month):
    print("\t", getTheMonthName(month), "  ",year);        #输出日历头部
    print("-------------------------------");
    print(" Sun Mon Tue Wed Thu Fri Sat ");
    # 计算用户输入的月份的 1 日是星期几
    startDay = whatDayIsTheFirstDay(year,month)
    #用户输入的月份有多少天
    numInMonth = howManyDaysInMonth(year,month)
    # 输出当月所有日期
    for i in range(0,startDay):                 # 首行 1 号若不是星期天要缩进
        print('    ', end="")                    # 每个日子占 4 字符
    for i in range(1,numInMonth+1):
        if i<10:
            tem='  %d' %i                        # 每个日子占 4 字符
        else:
            tem='  %d' %i                        # 每个日子占 4 字符
        print(tem, end="")
        if( (i + startDay)%7==0 ):
            print()                              # 换行
# 得到月份的名字
def getTheMonthName(month):
    monthName = {1:"January",    2:"February", 3:"March",   4:"April", \
                 5:"May",        6:"June",     7:"July",    8:"August",\
                 9:"September",10:"October", 11:"November",12:"December"}
    return monthName[month]
# 计算用户输入的月份的 1 日是星期几
def whatDayIsTheFirstDay(year,month):
    startDayOf1800_1_1 = 3
```

```python
        total = 0
        for y in range(1800, year):
            if isLeapYear( y ):
                total = total + 366
            else:
                total = total + 365
        for m in range(1, month):
            total = total + howManyDaysInMonth(year,m)
        return (total + startDayOf1800_1_1) % 7
#计算某年某月有多少天
def howManyDaysInMonth(year,month):
    if ( month==1 or month==3 or month==5 or month==7 or month==8 or
         month==10 or month==12):
        return 31
    if month==4 or month==6 or month==8 or month==11:
        return 30
    if month==2 :
        if isLeapYear( year ):
            return 29
        else:
            return 28
    return 0
# 判断是否是闰年
def isLeapYear( year ):
    return ( year%4==0 and year%100!=0 ) or year%400==0
#主函数
def main():
    year = int(input("请输入年份（大于1800的4位整数）: "))
    month = int(input("请输入月份（1-12）: "))
    prnMonth( year, month)
main()                                          #调用主函数
```

本程序并不是和分解模块一一对应，比如由于判断是否是闰年的功能有多处使用，因此写成了一个函数。另外根据用户输入的数字得到月份的名字也写成了一个函数，这么做只是为了看起来简练一些。

习　题　4

一、单选题

1. 以下说法不正确的是（　　　）。

   A. 函数可以减少代码的重复，也使得程序可以更加模块化

   B. 在不同函数中可以使用相同名字的变量

   C. 主调函数内的局部变量，在被调函数内不赋值也可以直接读取

   D. 函数体中如果没有 return 语句，也会返回一个 None 值

2. 下列有关函数的说法正确的是（　　　）。

   A. 函数的定义必须在程序的开头

   B. 函数定义后，其中的程序就可以自动执行

C.　函数定义后需要调用才会执行

D.　函数体与关键字 def 左对齐

3.　表达式 '%d%%%d'　%(3 / 5, 3 % 5)的值是（　　　　）。

A.　'0%3'　　　　　　　B.　'0%%3'　　　　　　C.　'0.6%%3'　　　　　　D.　'0.6%3'

4.　下列函数调用使用的参数传递方式是（　　　　）。

```
sigma=sum(a,b,c,d)
```

A.　位置绑定　　　　B.　关键字绑定　　　C.　变量类型绑定　　D.　变量名称绑定

5.　下列程序的关于全局变量 a 的使用不正确的（程序将产生异常）是（　　　　）。

A.　a=8

　　def f():

　　　　print(a,end="")

　　　　a=a*10

　　　　print(a,end="")

　　f()

　　print(a)

B.　a=8

　　def f():

　　　　print(a,end="")

　　f()

　　print(a)

C.　a=8

　　def f():

　　　　global a

　　　　a=40

　　　　print(a,end="")

　　　　a=a*10

　　　　print(a,end="")

　　f()

　　print(a)

D.　a=8

　　def f():

　　　　a=4

　　　　print(a,end="")

　　　　a=a*10

　　　　print(a,end="")

　　f()

　　print(a)

二、编程题

1.　编写函数求出从屏幕输入的三个数的最大值。

2.　编写函数求出 $1/(1 \times 2)-1/(2 \times 3)+1/(3 \times 4)-1/(4 \times 5)+ \cdots$ 前 n 项之和，函数以 n 为参数。项数 n 由用户在主函数中输入。

3.　回文数是一个正向和逆向都相同的整数，如 123454321、463364、9889。编写函数判断一个整数是否是回文数。

4.　编写函数，判断输入的三个数字是否构成三角形的三条边。

5.　编写函数，求两个正整数的最小公倍数。

6.　编写函数 inc()和 dec()，它们分别对全局变量 s 加 1 和减 1。在主函数中测试两个函数的效果：设 s 初值为 0，用户输入 inc 和 dec 函数执行的次数，输出 s 的结果。

7.　对于区间[a,b]上连续且 $f(a)f(b)<0$ 的函数 $y=f(x)$，通过不断地把函数 $f(x)$的零点所在的区间一分为二，使区间的两个端点逐步逼近零点，进而得到零点近似值的方法叫做二分法。假定要求 $x^2+x-6=0$ 的解，请编写函数 $g(a,b)$求解方程在[a,b]之间的解。提示：可将 $f(x)=x^2+x-6$ 定义为一个函数。

8.　斐波那契数列为 0、1、1、2、3、5、8、……，请用递归方法求出前 10 项之和。

9.　编写递归函数，求 a+aa+aaa+aaaa+...+aa...a(第 n 项，n 个 a)，其中 a 是 1~9 的整数。例如，

a=1,n=3 时，式子为 1+11+111=123；当 a=5,n=6 时，式子为 5+55+555+5555+55555+555555=617280。

10. 用牛顿迭代法（简称牛顿法）求方程 $2x^3-4x^2+3x-6=0$ 在 1.5 附近的根。

提示：牛顿迭代法解非线性方程根的迭代公式为

$$x_{n+1}=x_n-\frac{f(x_n)}{f'(x_n)}$$

其中，$f'(x_n)$ 是 f 在 x_n 处的导数。

11. 使用梯形法计算定积分 $\int_a^b f(x)\mathrm{d}x$ 的值，其中 $f(x)=\sin(x)$，a，b 由用户输入。

提示：将积分区间分成 n 等份，每份的宽度为 $(b-a)/n=h$，，在区间 $[a+ih,a+(i+1)h]$ 上使用梯形的面积近似求原函数的积分，则

$$\int_a^b f(x)=\sum_{i=0}^{n-1}\int_{a+ih}^{a+(i+1)h} f(x)\approx\sum_{i=0}^{n-1}\frac{h}{2}(f(a+ih)+f(a+(i+1)h))=h\left(\frac{f(a)+f(b)}{2}+\sum_{i=1}^{n-1}f(a+ih)\right)$$

这就是数值积分的梯形求积公式。n 越大或 h 越小，积分就越精确。本题 n 可以取 1000，或让 h 取一个较小的值。

第 5 章　复杂数据类型

除了基本的数据类型，在 Python 中还预定义了许多更为复杂的数据类型，如字符串（Strings）、列表（Lists）、元组（Tuples）、字典（Dictionaries）、集合（Sets）等类型。这些数据类型是由前面介绍的基本数据组合得到的。每种类型都有很多预定义的方法（相关函数），如添加元素、删除元素、查找、排序等。通过使用这些数据类型，可以大大简化编程过程。

5.1　序列的概念

序列不是 Python 中某种具体的数据类型，而是若干有共同特征的数据类型的统称。序列是指包含若干元素的一个容器，其元素排列是有先后顺序的，元素依次对应下标 0、1、2、…，并且可以通过下标访问每个元素。在 Python 中有 6 种内建的序列，最常用的 3 种是字符串、列表和元组。

所有序列类型都可以进行某些通用的操作，这些操作包括：

- 索引——按下标取值；
- 分片——取一部分内容；
- 加——连接两个序列；
- 乘——重复连接同一个序列；
- 检查某个元素是否属于这序列；
- 计算序列长度；
- 找出最大元素和最小元素。

设 s、t 是序列，n、i、j、k 都是整数，这些操作具体的写法如表 5-1 所示。

表 5-1　序列主要的操作方式

操 作 代 码	含　　义
x in s	若 x 在 s 中返回 True，否则返回 False
x not in s	若 x 不在 s 中返回 True，否则返回 False
s + t	连接 s 和 t，返回连接后的结果
s * n	将 s 重复 n 次并连接起来，将结果返回
s[i]	返回 s 中下标为 i 的元素(从 0 开始)
s[i:j]	截取 s 中下标从 i 到 j-1 的部分

续表

操 作 代 码	含 义
s[i:j:k]	截取 s 中下标从 i 到 j-1 的部分(间隔为 k 取元素)
len(s)	计算 s 的长度
min(s)	计算 s 中最小值（序列可比较大小时有效）
max(s)	计算 s 中最大值（序列可比较大小时有效）
s.index(x[,i[,j]])	在 s 中下标>=i 且下标<j 的范围内找出 x，返回其下标。若 x 不在 s 中，返回错误信息。方括号表示 i,j 参数可以省略
s.count(x)	计算 x 在 s 中出现的次数
for x in s: 　循环体	迭代遍历 s。即 x 逐个取值 s 中的元素，并执行循环体

表 5-1 中，len()、min()、max()是 Python 内置的函数，可直接使用。

5.2　字　符　串

字符串是一个字符序列，可以包含字母、数字、标点符号等文本形式的字符。字符的个数称为字符串的长度。长度为 0 的字符串为空串。

5.2.1　字符串的创建

在 Python 中，字符串可以用一对单引号(')或双引号(")包含一系列字符来创建。例如：

```
LetterStr = 'E'          # 仅有一个字符的字符串，等价于 LetterStr="E"
numStr = "3.1415"        # 数字形式的字符串，等价于 numStr='3.1415'
ChStr = '西安市'          # 汉字字符串，也可用(")定义
```

如果字符串的中间带有单引号(')，则创建字符串时要用双引号(")来包含整个串，例如：

```
S1 ="Xi'an"              # 串的内容为 Xi'an
```

类似的情况是，如果字符串的中间带有双引号(")，则创建字符串时要用单引号(')来包含整个串，例如：

```
S1 = 'Xi"an'             # 串的内容为 Xi"an
```

显然，用类似'Xi'an'或"Xi"an"的形式定义字符串是不合理的，因为无法判断中间的引号到底是字符串中的字符还是字符串两侧的引号。另外字符串中某些符号也无法直接输入，如换行符就不可以直接在字符串中输入。为了解决这些引号、换行符等无法输入的问题，引入了转义字符的概念，就是用"反斜杠+字母"表示某个符号，表 5-2 给出了常见转义字符。

表 5-2　　　　　　　　　　　　　　　常用转义字符

转 义 字 符	表示的字符	转 义 字 符	表示的字符
\'	'	\n	换行符
\"	"	\t	Tab 键
\\	\	\b	退格

下面以交互式操作方式使用某些转义字符。

```
>>> S3 = 'Xi\'an Jiaotong University.\n\tWangTao  2015.10.9'
>>> print(S3)
Xi'an Jiaotong University.
    WangTao  2015.10.9
```

可以看出，由于字符串两侧使用单引号(')，所以字符串中间的单引号使用\'即可。

另外，利用三引号，表示多行的字符串，可以在三引号中自由地使用单引号和双引号，例如：

```
>>> str='''this is string
this is python string
this is string'''

>>> str                          #显示 str 内容
'this is string\nthis is python string\nthis is string'
```

这里要特别指出的是字符串是不可变类型。这种不可变是指字符串的每个元素(即字符)不能在原来的内存位置被修改，字符串的长度也不能改变。

关于不可变类型和可变类型的进一步介绍在本章 5.6 节。

5.2.2　作为序列操作字符串

字符串是一种序列，因此可以执行表 5-1 中的各种操作。

1. 取字符串的某个字符或片段

字符串中字符的位置是固定的，从前到后可对每个字符位置编号为 0、1、2、…n-1，一般称之为下标，n 为字符串的长度。下标也可以从后往前编号为-1，-2，…，-n。通过"字符串名[下标]"的形式可以取得某个字符，下标的范围不能大于 n-1，不能小于-n，比如：

```
>>> s='abcdef'
>>> s[0]
'a'
>>> s[5]
'f'
>>> s[-1]                      # -1 为倒数第一个元素，-k 为倒数第 k 个元素
'f'
```

也可以截取字符串中的一段字符。下面以 s='abcdef 为例，列举截取子串的常见形式。

● 形式一：

```
s[i:]
```

这里 s 为字符串名，i 为开始下标。

作用：截取开始下标到尾部的子串，例如：

```
>>> s[2:]
'cdef'
```

● 形式二：

```
s[:j+1]
```

这里 s 为字符串名，j 为结束下标。

作用：截取从头部到结束下标 j 处的子串，例如：

```
>>> s[:3]
'abc'
```

● 形式三：

```
s[i:j+1]
```

这里 s 为字符串名，i 为开始下标，j 为结束下标。

作用：截取从开始下标到结束下标 j 处的子串，例如：

```
>>> s[1:4]
'bcd'
```

● 形式四：

```
s[i:j+1:k]
```

这里 s 为字符串名，i 为开始下标，j 为结束下标，k 为步长。

作用：截取从开始下标到结束下标 j 处的子串，且相邻两个字符的下标间隔等于步长 k。例如：

```
>>> s[1:5:2]
'bd'
```

这里取了元素 s[1]、s[3]，而下标 5 等于结束下标的下一位置，因此不取。

2. 两个字符串的连接

连接两个字符串用加号即可，例如：

```
>>> s1='abc'
>>> s2='123'
>>> s1+s2
'abc123'
```

字符串可以连加，如 s1+s2+s3 是正确的写法。

3. 字符串的重复生成

如果字符串由一段字符反复连接而成，可以使用星号(*)生成，例如：

```
>>> s1='Hi! '*2                 # 重复两次 "Hi! "
>>> s1
'Hi! Hi! '
>>> s2=s1*2                     # 重复两次 s1
>>> s2
'Hi! Hi! Hi! Hi! '
```

4. 字符串之间比较大小

字符串之间可以用使用'<'、'<='、'>'、'>='、'=='、'!='比较大小，结果是逻辑值 True 或 False。比较的方法是：对两个串从左至右逐个字符比较 ASCII 码的大小，当发现某个位置字符不同时，则哪个字符的 ASCII 码大，哪个字符串就大。字母的 ASCII 码比数字的 ASCII 码大，小写字母比大写字母的 ASCII 码大。比较大小和字符串长度无关。下面是一个例子：

```
>>> s1='abc'
>>> s2='abxz'
>>> s1>s2
False
```

这里 s1 中的字母'c'比 s2 中的字母'x'小，所以 s1>s2 结果为假。

5. 判断某个字符串是当前字符串的子串

使用 in 或 not in 可以判断某个串是否为当前字符串的子串，比如：

```
>>> s='abc123'
>>> 'bc12' in s
True
>>> 'a123' not in s
True
>>> 'a' not in s
False
```

6. 求字符串的长度、最大元素、最小元素

求字符串的长度使用 len()函数，求字符串中的最大字符使用 max()函数，求字符串中的最小

字符使用 min() 函数。例如：

```
>>> s3='欢迎 Jack 来中国！'
>>> len(s3)
10
```

这里一个汉字算一个字符(包括汉字的符号)。

```
>>> s1='abc'
>>> max(s1)
'c'
>>> min(s1)
'a'
```

字符按各自的 ASCII 码比较大小。

7. 遍历字符串每个元素

作为序列的字符串可以迭代遍历，也就是说可以用 for 循环依次访问每个元素，下面举例：

```
>>> s1='abc'
>>> for ch in s1:
        print(ch)


a
b
c
```

这里 ch 依次取 s1 的每个字符。

5.2.3 字符串特有的操作

字符串除了具有序列的通用操作外，还具有一些特有的操作。

1. 数字与字符串相互转化

使用 str() 函数可以将数字转化为字符串，比如：

```
>>> N1=3
>>> N2=9
>>> N1+N2
12
>>> str(N1)+str(N2)
'39'
```

这里前一个输出结果 12 说明 N1 和 N2 都是数字，后面用 str() 函数转化为字符串再连接起来，所以结果为'39'。

若字符串是数字形式的，那么可以用 int()、float() 将字符串转换成相应数字。比如：

```
>>> int('2')+3
5
>>> float(3.14)*2
6.28
```

大家注意到，前面在输入整数时经常用 N=int(input("请输入整数"))，就是将输入的整数字符串转换为整数。

2. 格式化生成字符串

有时需要将实数、整数、字符串等类型的数据按某种特定格式生成一个字符串。比如 Jack 的数学成绩为 81.5，可能希望生成下面字符串：

```
   "Jack        math          81.5          "
   |10 字符  |  10 字符   |10 字符  |
```

这时可以利用百分号(%)进行数据转换。基本格式是：

'目标字符串格式' % （数据1，数据2，…，数据n）

其中目标字符串格式包含数据格式转换说明，如表 5-3 所示。

表 5-3 　　　　　　　　　　　常见的数据向字符串转换的格式

转换字符串	表示的含义
%[m]s	将字符串写入宽为 m 的串
%[m]d	将整数写入宽为 m 的串
%[m.n]f	将实数写入宽为 m 的串(其中有 n 位小数)
%[.n]e	将实数按科学计数法写入串(其中有 n 位小数)
%%	将一个百分号写入串

表 5-3 中 m、n 均为整数，'[]'表示其中的内容可省略。下面通过样例说明如何利用转换格式生成字符串。

```
>>> n = 62
>>> f = 5.03
>>> s = 'string'
>>> 'n = %d, f = %f, s = %s' % (n, f, s)
'n = 62, f = 5.030000, s = string'
```

在单引号内除了%d、%f、%s 之外，其他字符原样出现在结果字符串中。而%d、%f、%s 按顺序依次对应(n, f, s)中的三个变量，即将 n 的值按默认整数格式写入结果字符串，并代替%d 的位置。同理，将 f 的值按默认浮点数格式写入结果字符串，并代替%f 的位置；将 s 的值按默认字符串格式写入结果字符串，并代替%s 的位置。

```
>>> ' %d %f %s' % (n, f, s)
' 62 5.030000 string'                    #将 n, f, s 写入结果串，中间有一个空格
>>> '%10d%10f%10s' % (n, f, s)
'        62  5.030000    string'         #将变量写入，各占 10 个字符宽，居右
>>> '%-10d%-10f%-10s' % (n, f, s)
'62        5.030000  string    '         #将变量左对齐写入，各占 10 个字符宽，居左
>>> '%-10d%-7.2f%-10s' % (n, f, s)
'62        5.03   string    '            # f 的值占 7 个字符宽(含 2 位小数)，居左
>>> x=0.00000000900200001
>>> '%e' % x
'9.002000e-09'                           #将 e 按科学记数法写入结果串
>>> '%.3e' % x
'9.002e-09'                              #将 e 按科学记数法写入结果串，有 3 位小数
```

注意，目标字符串格式中的转换说明的个数要与后面的数据个数一致。

5.2.4　字符串本身的函数

字符串作为一种对象拥有很多方法，也就是函数。这些函数的功能包括查找子串、替换子串、裁掉特定字符、判断字符串是否是数字类型、大小写转换、分割字符串成若干子串、字符串编码转换等。本节选取一些相对常用的函数进行介绍。

1. 子串查找与替换函数

（1）str.find(sub)

在字符串 str 中从左向右查找子串 sub，若找到则返回找到的第一个子串在 str 中的起始位置

的下标；若没有找到返回-1。

（2）str.rfind(sub)

在字符串 str 中从右向左查找子串 sub，若找到则返回找到的第一个子串在 str 中的起始位置的下标；若没有找到返回-1。这个函数与 find()的不同是查找方向不同。

（3）str.replace(old, new)

返回一个新字符串，其中在原始串中为 old 的所有子串被子串 new 取代。

请看下面的例子：

```
>>> s = "Welcome to Xi'an"
>>> s.find('Xi\'an')
11
>>> s.rfind("Xi'an")
11
>>> s.replace("Xi'an",'Beijing')                # 这里 s 本身没改变,只得到返回结果
'Welcome to Beijing'
>>> s.rfind("Beijing")
-1
```

这里虽然 find()和 rfind()查找方向不同，但因为都是查找唯一的子串"Xi'an"，因此返回的下标位置相同。注意 replace()函数产生并返回一个新串，该函数并未直接改变原始串，因此 s.rfind("Beijing")返回-1，即 s 中不含有"Beijing"。若要改变 s 的内容，可采用下面语句：

```
>>> s=s.replace("Xi'an",'Beijing')
>>> s
'Welcome to Beijing'
```

2. 查找子串的位置

可以使用 index()函数确定子串在字符串中的位置，比如：

```
>>> s = 'Beijing'
>>> s.index('ing')
4
```

这里给出了'ing'在'Beijing'起始位置的下标。注意，如果 index()中的参数不是 s 的子串，此函数会产生异常错误(这是 index 和 find 函数不同之处)。所以使用此函数前，可以先用 in 判断子串是否在列表中。

3. 统计元素出现次数

可以用 count()函数统计某个子串出现的次数，比如：

```
>>> s = 'abc123abc'
>>> s.count('abc')
2
```

4. 裁掉特定字符的函数

处理字符串时，常常要去掉其中的某些字符，如空格、回车等。Python 中有三个函数可以用于这方面的工作，分别是 lstrip()、rstrip()和 strip()。

（1）str.lstrip([chars])

从左向右连续去除 str 中包含于字符串 chars 中的字符，直到遇到一个不属于 chars 中的字符为止。

（2）str.rstrip([chars])

从右向左去除 str 中包含于字符串 chars 中的字符，直到遇到一个不属于 chars 中的字符为止。

（3）str.strip([chars])

从两侧向中间去除 str 中包含于字符串 chars 中的字符。每一侧遇到一个不属于 chars 中的字符时，这一侧停止操作。

下面的例子说明了这些函数的使用方法。

```
>>> 'www.example.com'.lstrip('cmowz.')
'example.com'
>>> 'www.example.com'.rstrip('cmowz.')
'www.example'
>>> 'www.example.com'.strip('cmowz.')
'example'
```

另外，这三个函数在没有参数时(即没有 chars)作用是删除空白符，包括空格、回车、tab 空格。比如：

```
>>>s='    www.example.com   '
>>>s.strip()
'www.example.com'
```

5. 分割字符串成若干子串

有时需要将字符串分割为若干子串以便进一步处理，这时可尝试使用下列函数：

```
str.split(sep)
```

该函数以字符串 sep 为分隔符将原始串 str 分解为若干子串，将这些子串合并为列表返回，其中 sep 应是 str 中有的子字符串。有关列表的概念将在下一节讲述，这里先看一下 split 函数的使用示例。

```
>>> s='Jack@mail.google.com'
>>> s.split('@')              #以@做分隔符
['Jack', 'mail.google.com']
>>> '1<>2<>3'.split('<>')     #以'<>'做分隔字符串
['1', '2', '3']
>>>"20110121  王强  80\n 90\t 78".split()
['20110121', '王强', '80', '90', '78']
```

若 split()函数没有参数，它将以空格、换行符或 tab 符为分隔符。

6. 字符串大小写相关函数

在 Python 中，下列函数与字符的大小写转换有关。

（1）str.lower()   将 str 所有字符转换为小写

（2）str.upper()   将 str 所有字符转换为大写

（3）str.swapcase()   将 str 所有字符大小写互换

（4）str.capitalize()   将 str 的首字母大写

（5）str.islower()   若 str 中字母都是小写，则返回 True，否则返回 False

（6）str.isupper()   若 str 中字母都是大写，则返回 True，否则返回 False

例如：

```
>>> s1='abcXYZ'
>>> s1.lower()
'abcxyz'
>>> s1.upper()
'ABCXYZ'
>>> s1.swapcase()
'ABCxyz'
>>> s1.islower()
False
```

注意，lower()、upper()、capitalize()函数并不改变原始字符串，而是返回一个被改变的字符串。

【例 5-1】已知一个字符串包含许多组英文单词和中文解释，英文和中文交错排列。请将中文和英文分开，将中文连接后输出，将英文连接后输出。要求词汇之间以空格分开。

【问题分析】原始字符串中，中英文交错出现，没有说明由空格分隔，不适合用 split 分隔中英文单词。那如何区分中英文呢？

英文字符在计算机中以 ASCII 码存放，每个字符的 ASCII 值在[0,127]内，而中文符号的编码不在这个区间，依此可以区分中英文符号。这样，对原字符串中的每一个字符，检查其 ASCII 值，在[0,127]即为英文。由于"检查"这件事要做多次，可以写成一个函数。

如果中文连续出现，则将新的中文字符连接在前面中文字符串的后面；如果遇到了英文，说明一个中文词汇结束，应加一个空格。对英文，处理方法相同。如何记录中文或英文"连续"出现呢？可以用一个变量，如 deal，为 1 表示正处理英文，为 0 表示正处理中文。如果当前 deal=0，新字符为中文，则是中文连续出现；如果 deal=0，新字符为英文，则是前面的中文词汇结束，"正在处理"转为英文。

【源程序】

```python
def is_chinese(uchar):                    #判断是否为中文字符
    ch2 = ord(uchar)                      #将 uchar 转换成 unicode 编码
    if ch2 >= 0 and ch2 <= 127 :
        return False                      #是英文，返回 False
    else:
        return True                       #是中文字符，返回 True
def main():                               #主函数
    s="China 中国 shaanxi 陕西省 Xi'an 西安市"   #原始字符串
    s1=""                                 #存放所有中文
    s2=""                                 #存放所有英文单词
    deal= 1                 # 1——正在处理 英文， 0——正在处理 中文
    for uchar in s:        #对 s 中的每一个字符循环，进行判断
        if is_chinese(uchar):             #是中文
            if deal == 1:    # "正在处理"为英文，表示一个英文单词结束
                s2=s2+' '                  #在一个英文单词后加空格
                deal = 0     # "正在处理"从"英文"转换为"中文"
            s1=s1+uchar                    # 将中文连接起来
        else:                             #是英文
            if deal == 0:    # "正在处理"为中文，表示一个中文词汇结束
                s1=s1+' '                  #在一个中文单词后加空格
                deal = 1     # "正在处理"从"中文"转换为"英文"
            s2=s2+uchar                    # 将英文连接起来
    print(s1)                             #显示中文
    print(s2)                             #显示英文
main()                                    #调用 main 函数
```

【运行结果】

```
中国 陕西省 西安市
China shaanxi Xi'an
```

【程序分析】

这里的函数 is_chinese()判断某个字符是否为汉字。该函数中的 ord()函数用于计算字符的编码，如果带入参数是英文字符或标点，则 ord()函数的值一定在 0～127 之间；如果遇到汉字字符则 ord()函数的值不在 0～127 之间。利用这一特点判断一个字符是否为汉字。

在主函数中利用变量 deal 表示程序正在处理英文或汉字。当处理的字符类型从英文变成汉字时，将 deal 变成 1，并且在一个英文字符串后加空格，以便将词汇分开。同样，将汉字变成英文时再将 deal 变成 0，并且在中文字符串后加空格。deal 初值为 1 表示所处理的字符串是以英文开始的。

【例 5-2】输入两个字符串，求两个字符串共有的最长子串。所谓子串是原字符串中的一段连续的字符。

【问题分析】求最长公共子串。应首先列出一个字符串的所有子串，然后看它们哪些是公共的，再记录下最长的。

求一个字符串的所有子串，可以先找从第 0 个字符开始的所有子串，再找从第 1 个字符开始的所有子串，依次类推。

对每一个子串，可以使用 x in s 判断 x 是否 s 的子串。如果是，再检查其长度，如果比当前的公共子串长，就把它保存下来。

【源程序】

```python
def main():
    s1=input("字符串 1: ")
    s2=input("字符串 2: ")
    r=""                              # r 存放最长的公共子串
    m = 0                             # m 为最长的子串的长度
    for i in range(0,len(s2)):        #控制子串的起始位置，第 1 个起始位置是 0
        for j in range(i+1,len(s2)+1):        #控制子串的结束位置，即所有 i 开始的子串
            if s2[i:j] in s1 and  m < j-i :   #s2 中 [i,j)之间的子串，是否在 s1 中，且较长
                r =  s2[i:j]          #是，则保存子串及长度
                m = j-i               # 设 m 为新的子串的长度
    print("最长共有的子串: ",r)
main()
```

【运行结果】

```
字符串 1: The secretary told me that Mr Harms would see me
字符串 2: TomHarmsJacksecretary
最长共有的子串: secretary
```

本程序可以适当改进一下，这里输入的字符串 s2 比 s1 短，所以取 s2 的所有子串比取 s1 的所有子串更节省时间。但是输入的 s2 可能比 s1 要长，所以输入数据后，比较两者长度，并保证 s2 长度较短(必要时交换 s2 和 s1)是较好的编程思路。

5.3　列表和元组

列表是包含多个元素的序列，其元素位置固定，可以是数字、字符、字符串等任何一种数据

类型，甚至是另一个列表、元组等，而且同一个列表中的元素的类型可以不同。

　　元组的结构和列表一样，它也是一种序列，其元素也可以是任何内置数据类型，包括列表、元组、字符串等。但是元组是不可变类型，元组一旦创建就不能改变。这种不可变是指元组的元素不能在原来的内存位置被修改，元组长度也不能扩展等。

5.3.1　列表的创建

可以用方括号[]创建列表，比如：

```
L=[]                              #空列表
L=[1,2,3]                         #三个整数的列表
L=['red','green','blue']          #三个字符串的列表
```

列表的元素不需要类型一致，甚至可以嵌套其他复杂的对象，比如：

```
>>> a=10
>>> b='Zhang'
>>> L=[2, 'green', [a,b]]
>>> L                             #显示 L 的内容
[2, 'green', [10, 'Zhang']]
```

另外，函数 list(s)将序列 s(如字符串、元组)转换为一个列表，例如：

```
>>> s='City'
>>> L=list(s)
>>> L
['C', 'i', 't', 'y']
```

5.3.2　作为序列操作列表

列表也是一种序列，具有序列的通用操作方式。

1. 取列表的某个元素或片段

可以用"列表名[下标]"取得某个元素或使用"列表名[起始下标:结束下标+1]"取得列表的某个片段，例如：

```
>>> L=['a','b','c','x','y','z']
>>> L[0]
'a'
>>> L[-2]                         # -k 为倒数第 k 个元素
'y'
>>> L[3:]                         # 截取从下标为 3 的元素开始到尾部
['x', 'y', 'z']
>>> L[:3]                         # 截取从头部到下标为 2 的元素
['a', 'b', 'c']
>>> L[2:4]                        # 截取从下标为 2 到下标为 3 的元素
['c', 'x']
```

2. 列表连接、重复生成操作

可以用加号(+)连接若干列表，可以用乘号(*)生成一段周期性重复的列表。这些操作也与字符串类似，例如：

```
>>> L1=['1','2']
>>> L2=['a','b']
>>> L1+L2+['x','y']
['1', '2', 'a', 'b', 'x', 'y']
>>> L2*3
['a', 'b', 'a', 'b', 'a', 'b']
```

3. 比较两个列表是否相同

可以用双等号(==)判断两个列表是否相同，比如：

```
>>> L1=['1','2']
>>> L2=['a','b']
>>> L1==L2
False
```

与此对应，也可以用不等号(!=)判断两个列表是否不同。

4. 求列表长度、最大元素、最小元素

可以用 len()、min()、max()求列表长度、最大元素、最小元素，例如：

```
>>> numbers = [10, 1, 78]
>>> len(numbers)
3
>>> min(numbers)
1
>>> max(numbers)
78
```

5. 遍历列表的每个元素

可以利用 for 循环遍历列表的每一个元素，例如：

```
>>> L=['a','b','c']
>>> for e in L:
    print(e)


a
b
c
```

6. 判断某个元素是否在列表中

使用 in 或 not in 可以判断某个元素是否在列表中，比如：

```
>>> L=[1,2,3]
>>> 2 in L
True
>>> 4 in L
False
>>> 4 not in L
True
```

7. 修改列表中某个元素的值

可以通过赋值语句直接修改某个元素，例如：

```
>>> L=['water','bread','meat']
>>> L[0]='milk'
>>> L
['milk', 'bread', 'meat']
```

注意，在字符串和元组中类似上面的修改操作是不允许的，这是可变与不可变的区别。

5.3.3　列表本身的函数

1. 添加元素：append()、extend()、insert()

使用 append()可以在列表尾部添加元素，例如：

```
>>> Lst = [1, 2, 3]
>>> Lst.append(4)
>>> Lst
[1, 2, 3, 4]
```

使用 extend() 可以将一个列表添加在原列表之后，比如：

```
>>> L=['a','b','c']
>>> L.extend(['1','2'])
>>> L
['a', 'b', 'c', '1', '2']
```

这里 extend() 函数修改了原始列表，而使用加号(+)连接操作（即 L+['1','2']）并不改变 L 的内容（可以通过 L=L+['1', '2']修改 L）。

还可用 insert() 函数在某个位置添加元素，使用格式是：

```
L.insert(下标, 元素)          # L 为列表
```

例如：

```
>>> numbers = [1, 2, 3, 5, 6]
>>> numbers.insert(3, 'four')
>>> numbers
[1, 2, 3, 'four', 5, 6]
```

2. 删除元素：pop()、remove()、del 命令

一般可以用下面三种方法删除元素。

```
·L.pop([i])        返回元素 L[i]并将其从 L 中删除
·L.remove(x)       删除 L 中第一个等于 x 的元素
·del  L(i:j)       删除 L 中下标为 i 至下标为 j-1 的元素
```

举例如下：

```
>>> L=['a','b','c','x','y','z']
>>> L.pop(2)                    # 删除 L[2]
'c'
>>> L
['a', 'b', 'x', 'y', 'z']
>>> L.remove('y')               # 删除'y'
>>> L
['a', 'b', 'x', 'z']
>>> del L[1:3]                  # 删除 L[1],L[2]
>>> L
['a', 'z']
```

3. 查找元素的位置：index()

可以使用 index() 函数确定元素在列表中的位置，比如：

```
>>> L = ['Shanghai' , 'Beijing' , 'Shenzhen' , 'Wuhan' ]
>>> L.index('Beijing')
1
```

这里给出了元素'Beijing'的下标。注意，如果 index()中的参数不是 L 的元素，此函数会产生异常错误。所以使用此函数前，可以先用 in 判断元素是否在列表中。

4. 统计元素出现的次数：count()

在列表中元素可以重复，用 count() 函数可以统计某个元素出现的次数，比如：

```
>>> L=['a','s','d','a']
>>> L.count('a')
2
>>> L.count('x')
0
```

5. 列表元素排序：sort()

列表可以用 sort() 函数对元素进行排序，具体格式是：

```
sort(key=None, reverse=None)
```

其中 key 表示排序时使用的关键字，它可以是一个表达式或函数，该表达式或函数的计算结果可以用于排序。reverse 为 None 表示按关键字从小到大排序，reverse 为 True 表示按关键字从大到小排序。

若参数 key 取缺省值 None，则元素本身必须是可以比较大小的数字、字符串等类型。例如：

```
>>> L=[23,1,43,67,35.7]
>>> L.sort()
>>> L
[1, 23, 35.7, 43, 67]
>>> L.sort(reverse=True)
>>> L
[67, 43, 35.7, 23, 1]
```

该函数默认按从小到大排序，若使用参数 reverse=True，则按从大到小排序。

下面给出一个有 key 函数的例子：

```
>>> s="This is a test string from Andrew".split()
>>> s
['This', 'is', 'a', 'test', 'string', 'from', 'Andrew']
>>> s.sort(key=str.lower)
>>> s
['a', 'Andrew', 'from', 'is', 'string', 'test', 'This']
```

这里首先生成列表 s，其元素是一系列字符串。而 key 函数取字符串的函数 lower，即把字符串转换成小写形式作为排序关键字。这里 key 所指向的函数只能有一个参数，且带入的数据就是列表中的每个元素。排序过程中数据元素的值不会改变。

若列表的元素类型不同，不能比较大小，则无法使用 sort() 排序。比如序列['abc', 43, 35.7, 23, 1] 或[[1, 2, 3], 'ab', 'xy']等，都不能使用 sort() 函数进行排序。

6. 列表元素倒序：reverse()

可以用 reverse() 函数将列表倒序（注意，不是排序），比如：

```
>>> L=[[1, 2, 3], 'ab', 'xy']
>>> L.reverse()
>>> L
['xy', 'ab', [1, 2, 3]]
```

7. 清空列表元素：clear()

用 clear() 函数可以清空列表内容，比如：

```
>>> L = [1,2,3,4,5]
>>> L.clear()
>>> L
[]
```

【例 5-3】输入一个点分 IP 地址，即输入形如***.***.***.***的字符串，其中***为 0~255 之间的整数。编程将 IP 地址转化为 32 位二进制形式输出，也就是将***转化为 8 位二进制数后依次连接起来形成 32 位二进制数。

【问题分析】用户输入一个点分的十进制 IP 地址，显然这应是一个字符串，所以第 1 步应将其分隔成四个整数字符串。分隔可以用 split()，再用 int() 转化为整数。下来就是将每一个整数转换为二进制：除 2 取余直到商为 0。最后将转换后的 4 个二进制数以字符串的形式连接起来。做得更好一点，可以对输入的 IP 地址进行合法性检验，合法才转换。

【源程序】

```python
#判断输入的数据是否合法
def isValidIP(L):                          #L 是列表
    # 判断列表中是否有 4 个元素
    if len(L) != 4:
        return False
     # 判断每个元素是否是整数形式的字符串，且数据大小在 0 到 255 之间
    for i in range(4):
        if L[i].isdigit()==False or int(L[i])<0 or int(L[i])>255:
            return False
    return True


#十进制转二进制(支持任何正整数)
def _10to2(num):
    res=""
    #获取二进制字符串
    while True:
        res=str(num%2)+res                 #除 2 取余，转字符串，连接
        num=num//2                         #除 2 取整（即商）
        if num==0:                         #商为 0，结束
            break
    #将二进制数补齐为 8 位二进制字符串
    while len(res) < 8:
        res = '0'+res
    return res

def main():
    ipStr = input('请输入 IP 地址：')
    # 将 IP 地址串分割为 4 项放入列表
    L = ipStr.split('.')                   #以.分隔各个整数部分
    if isValidIP(L) == False:              #判断合法性
        print('IP 地址不合法')
        return
    s=""
    for i in range(4):                     #为了看的清楚，两个 8 位二进制数之间加了空格
        s=s+" "+ _10to2(int(L[i]))         #转换后连接
    print(s)
main()
```

【运行结果】

```
请输入 IP 地址：16.255.1.8
 00010000 11111111 00000001 00001000
```

【程序分析】本例的编程思路如下。

第一步，读取 IP 地址字符串，用字符串的 split()函数将 IP 地址按 "." 分开后放入列表 L；

第二步，判断输入的数据是否合法。即 L 中应该有四个数字型字符串，且这四个数字在 0 ~ 255 之间。这里 isValidIP()判断 L 中的数据是否合法。其中 isdigit()函数是字符串的函数，判断字符串是否是数字符号组成的串。

第三步，依次将列表 L 中的四个数转换为对应的二进制数（8 位二进制形式字符串），再将二进制数依次连接。函数_10to2()使用短除法将十进制数转化为二进制数，并整理为 8 位二进制字符串返回。

这里为了使结果看得更清楚，在两个 8 位二进制数之间加了空格。

【**例 5-4**】假定扑克牌四种花色的先后顺序是"黑红梅方"，即黑桃、红桃、梅花、方块。扑克牌按点数从小到大是 2、3、4、5、6、7、8、9、10、J、Q、K、A。一张牌表示为字符串"花色+点数"，比如"黑桃 Q""方块 4"。现在已知有一手扑克牌放在列表中，编程实现下列目标：

（1）将扑克牌按花色"黑红梅方"的顺序排序输出；

（2）按花色排序后，将其中同种花色的牌按点数从大到小排序后输出；

（3）在第（2）步排序完成后，将重复的牌删除后将余下的牌输出。

【问题分析】排序一般可以使用 sort()方法，但"黑红梅方"四个字的编码顺序不是题目所要的顺序，所以可以定义一个函数，对"黑红梅方"四个字（或四种花色）重新编号，比如 1、2、3、4，则从小到大排序即可。对于牌点的排序也可用类似的办法。

对于"去掉重复的牌"：对每一张牌，看这手牌中有几张这样的牌（多于 1 张就是有重复），用 remove 方法将重复的牌去掉。

【源程序】

```python
def TypeKey(s):                 # 获取不同花色的权值，权值越小，排序越靠前，s 是表示牌的字符串
    if s[0:2]=='方块':
        return 4
    elif s[0:2]=='梅花':
        return 3
    elif s[0:2]=='红桃':
        return 2
    elif s[0:2]=='黑桃':
        return 1
    else:
        return 0

def getPoint(s):                # 获取牌的点数，s 是表示牌的字符串
    if s[2:]=='A':
        return 14
    elif s[2:]=='K':
        return 13
    elif s[2:]=='Q':
        return 12
    elif s[2:]=='J':
        return 11
    else:
        return int(s[2:])

def removeRepeated(L):          # 去掉重复的牌. L 为一手牌的列表
    for e in L:         #对 L 中的每一张牌循环
        for i in range(1,L.count(e)):
            L.remove(e)
def main():
    L=['梅花 A','方块 4','梅花 2','方块 4','红桃 7','黑桃 Q','红桃 K',\
        '梅花 9','方块 9', '红桃 5','梅花 J','方块 8','红桃 5','黑桃 3', \
```

```
            '黑桃 10','黑桃 3','红桃 7','黑桃 Q']           #定义一手牌
        # 先按花色排序
        L.sort(key = TypeKey)
        print(L)

        # 同种花色按牌的点数排序
        i = 0
        j = 0
        p=['黑桃','红桃','梅花','方块']
        L2 = []                                        #存放排好序的牌
        for k in range(4):                             #这一循环对应每一种花色（4 种花色）
            i = j                                      #i 是一手牌中，这一花色的牌的起始下标
            # 找出某一花色的最后一张牌的下一个位置，放入 j
            while j<len(L) and p[k] in L[j]:           #找某一花色的最后一张牌的下一个位置
                j=j+1
            s = L[i:j]                                 # 将列表的一部分赋值给 s（同花色的牌）
            s.sort(key=getPoint, reverse=True)         # 将列表 s 排序
            L2 = L2 + s                                # 将列表 s 链接在 L2 尾部
        L = L2    # 修改 L
        print(L)

        # 去掉重复的牌
        removeRepeated(L)
        print(L)
    main()
```

【运行结果】

```
    ['黑桃 Q', '黑桃 3', '黑桃 10', '黑桃 3', '黑桃 Q', '红桃 7', '红桃 K', '红桃 5', '红桃 5', '
红桃 7', '梅花 A', '梅花 2', '梅花 9', '梅花 J', '方块 4', '方块 4', '方块 9', '方块 8']
    ['黑桃 Q', '黑桃 Q', '黑桃 10', '黑桃 3', '黑桃 3', '红桃 K', '红桃 7', '红桃 7', '红桃 5', '
红桃 5', '梅花 A', '梅花 J', '梅花 9', '梅花 2', '方块 9', '方块 8', '方块 4', '方块 4']
    ['黑桃 Q', '黑桃 10', '黑桃 3', '红桃 K', '红桃 7', '红桃 5', '梅花 A', '梅花 J', '梅花 9', '
梅花 2', '方块 9', '方块 8', '方块 4']
```

【程序分析】本程序使用了 sort 函数进行排序。

首先，按扑克牌花色比较大小并排序。这里扑克牌花色的大小按"黑红梅方"的顺序，而一般的字符串函数不能确定每种花色的权值，因此定义了函数 TypeKey。该函数可以给不同花色不同的权值（这里是一个整数），从而可以用在 sort 函数中作为排序的权值。语句 L.sort(key = TypeKey) 可以实现按照 TypeKey 函数返回的权值排序。

其次是对每种花色的牌按点数从大到小排序。与上面的做法类似，这里定义作用于元素的函数 getPoint，用于返回每张牌的点数，实质上也是一个整数。牌面上 2、3、…、10、J、Q、K、A 对应的点数是 2 ~ 14，这样 getPoint 的返回值就可以用于排序。

这里要注意的是，由于 sort 函数不能对列表的一部分排序，即类似 L[i:j].sort() 的写法不成立，因此本例首先将同种花色的牌（即 L[i:j]）赋值给列表 s，而后对列表 s 排序，最后再将 s 连接到新的列表 L2 中。最后 L2 就是符合本例题要求（2）的列表。

去掉重复的牌的通过函数 removeRepeated 实现。为了去掉重复的牌 e，这里先计算了这张牌的重复次数，即 count(e)；而后通过 count(e)-1 次删除去掉了重复的牌。函数中下面的语句实现了

这一点：

```
for i in range(1,L.count(e)):              #从 1 到 count(e)-1
    L.remove(e)
```

注意在 removeRepeated 函数中，没有使用按照下标位置删除元素的方法。这是因为删除一个元素后，后续元素的下标随之改变，因此按照下标位置删除元素的方法在本例中不宜使用。

5.3.4　用列表表示多维数据

在现实生活中，经常需要处理多维数据，如二维矩阵、三维矩阵等。在 Python 中可以用嵌套列表（列表的列表）来表示多维数据。比如下面用一个列表表示 3*3 二维数据：

```
M = [ [ 1,  2,  3],
      ['a','b','c'],
      [ 7,  8,  9] ]
```

显然，这种嵌套列表与通常意义的矩阵有所不同，主要不同表现在以下两个方面。

（1）列表的每个维度长度可以不同。

（2）列表的元素数据类型可以不同。

尽管如此，使用嵌套列表表示多维矩阵依然是 Python 语言中的常见用法。比如列表 Matrix=[[1,2,3],[4,5,6],[7,8,9]]表示下面矩阵：

$$\begin{pmatrix} 1 & 2 & 3 \\ 4 & 5 & 6 \\ 7 & 8 & 9 \end{pmatrix}$$

而对于第(i,j)位置的访问使用 Matrix[i][j]即可。

如果要通过键盘输入数据来初始化一个 2*2 的矩阵，可以使用下面语句：

```
a=[]
for i in range(2):      # i 对应行
    a.append([])        # 增加一个元素，这个元素是一个空列表
    for j in range(2):  # j 对应列
        v = int(input('请输入元素：'))
        a[i].append(v)  # 第 i 行的列表中增加一个元素 v
print(a)
```

运行结果为：

```
>>>
请输入元素：0
请输入元素：1
请输入元素：1
请输入元素：0
[[0, 1], [1, 0]]
```

注意，如果引用不存在的下标，会引发异常。所以在上面的代码中需要先添加元素（包括添加空列表[]和添加数据 v）。

列表生成后再引用就没有问题了。比如对于上面列表可以用下面的代码进行打印输出：

```
a=[[0,1],[1,0]]
for i in range(len(a)):                    # i 对应行
```

```
    for j in range(len(a[i])):              # j 对应列
        print(a[i][j], end=" ")             # 同一行元素间空一格
    print()                                 # 不同行换行显示
```

这时运行结果为：

```
>>>
0 1
1 0
```

当然，这里的 i、j 均不可超越矩阵的行列范围（超过时常称为"越界"，产生错误）。

【例 5-5】已知平面上若干点的坐标是 A0(1,2)、A1(-1,3)、A2(2,1.5)、A3(-2,0)、A4(4,2)。计算任意两点的距离并生成距离矩阵，其中矩阵元素(i, j)表示 Ai 和 Aj 之间的距离，最后输出距离矩阵和任意两点的最大距离。

【问题分析】首先考虑这些点如何表示。N 个点，有 N 个 x 坐标和 N 个 y 坐标，N 个同类数据可以保存在列表中。用列表 X 和 Y 存储平面点的横坐标、纵坐标，这样$(X[i],Y[i])$就对应点 i。下面就可以通过两重循环计算点 i 到点 j 之间的距离，保存在一个"二维"的列表中。用 s 表示当前找到的最大的距离。每计算出一个距离，就与 s 进行比较，如果比 s 大，就把它保存起来。

【源程序】

```
import math
def distance(x1,y1,x2,y2):          #计算两点之间的距离
    return math.sqrt((x2-x1)*(x2-x1)+(y2-y1)*(y2-y1))

def main():
    X=[1,-1,  2,-2, 4]              #横坐标
    Y=[2, 3,1.5, 0, 2]             #纵坐标
    M=[]                           #存储距离矩阵
    s=0                            #存储最大距离
    for i in range(len(X)):
        M.append([])               #M 中增加一个元素，这个元素是一个空列表，相当于增加一个空行
        for j in range(len(X)):
            v = distance(X[i],Y[i],X[j],Y[j])      #计算点 i 到点 j 之间的距离
            M[i].append(v)         #添加到 M 的第 i 行
            if(s<M[i][j]):
                s=M[i][j]          #保存距离的最大值

    for i in range(len(X)):
        for j in range(len(X)):
            print("%5.2f" % M[i][j], end=" ")
        print()
    print("任意两点的最大距离是：%5.2f" %s)
main()
```

【运行结果】

```
0.00  2.24  1.12  3.61  3.00
2.24  0.00  3.35  3.16  5.10
1.12  3.35  0.00  4.27  2.06
3.61  3.16  4.27  0.00  6.32
3.00  5.10  2.06  6.32  0.00
任意两点的最大距离是：  6.32
```

【程序分析】程序引入数学模块 math 可以使用开方函数 sqrt。

5.3.5　元组的创建及其操作

与列表不同的是，元组是不可变的类型。

1．元组的创建

可以使用小括号()创建元组，比如：

```
t = (1,2,3)
t = ('a', 'b', ['A', 'B'])
```

元组中可以嵌套元组、列表等。

元组是不可改变的，但是元组的元素若是可改变的类型(如列表)，那么该元素仍然可以修改，比如：

```
>>> t = ('a', 'b', ['A', 'B'])
>>> t[2][0]='X'                 # 赋值操作修改 t 中的列表
>>> t
('a', 'b', ['X', 'B'])
```

这里 t[2][0]表示列表的第一个元素。

另外，函数 tuple(s)将序列 s(如字符串、列表)转换为一个列表，例如：

```
>>> s='City'
>>> t=tuple(s)                  #由字符串生成元组
>>> t
('C', 'i', 't', 'y')
>>> L1=[1,2,3]
>>> t1 = tuple(L1)              #由列表生成元组
>>> t1
(1, 2, 3)
```

利用 list()函数由元组生成列表也是可以的。

2．元组的操作

元组是不可变的，这意味着任何在列表中可以用来改变元素的函数都不能在元组中使用，即 append()、insert()、remove()、pop()、clear()、sort()、reverse()等函数在元组中都不存在。

那么哪些操作可以用于元组呢？元组也是一种序列，因此序列上的通用操作均可用于元组。事实上，元组可以看做元素固定不变的列表，因此凡是列表中不修改元素内容、不扩展或缩短列表的操作都可以用在元组上。由于元组中的这些操作和列表中的相应操作极其相似，这里不再举例。

5.4　字　　典

字典是包含多个元素的一种可变数据类型，其元素由"键(key):值(value)"两部分构成。其元素是无序的，无法通过下标来访问。由于每个键都与一个值对应，所以一般是通过键查找对应的值。正因为有这种对应关系，所以字典也被称为映射类型，而不是序列类型。

字典的键一般是字符串。事实上键可以是任何不可变的数据类型，如整数、浮点数、元组等。键在字典中是唯一的，而值允许重复。

5.4.1　字典的基本操作

1. 字典的创建

可以用大括号{}来创建字典。例如：

```
>>> D = {'spam': 2, 'eggs': 3}
```

这里创建了两个元素的字典，每个元素的键和值之间用冒号分开，元素之间用逗号分开。由于字典是可变类型，所以上面的语句的创建过程等价于下列语句：

```
>>> D={}                        # 定义空字典
>>> D['spam']=2                 # 赋值操作，键 spam 对应的值为 2
>>> D['eggs']=3                 #键 eggs 对应的值为 3
```

字典中可以嵌套字典，例如：

```
>>> D2 = {'food': {'ham': 1, 'egg': 2}}
```

也可以用 dict()函数创建字典。举例如下：

```
>>> D1 = dict(name='Jack', age=45)
>>> D1
{'name': 'Jack', 'age': 45}
```

或者下面的等价形式：

```
>>> D1 = dict([('name', 'Jack'), ('age', 45)])
>>> D1
{'name': 'Jack', 'age': 45}
```

2. 字典元素的修改

可以用"字典名[键]"的形式访问或修改某个键对应的值，例如：

```
>>>D = {'name': 'http', 'port': 80}
>>>D['name']
'http'
```

如果用字典里没有的键访问数据，会输出错误。

如果要修改字典的内容，直接用赋值方式即可，代码如下：

```
>>>D = {'name': 'http', 'port': 80}
>>>D['name']='ftp'
>>>D['port']=21
>>>D
{'name': 'ftp', 'port': 21}
```

3. 字典元素的添加

如果要添加元素，也使用赋值方式，代码如下：

```
>>>D = {1:'http', 2:'ftp'}
>>>D[3]='pop3'                  # 直接为新的键赋值
>>>D
{1: 'http', 2: 'ftp', 3: 'pop3'}
```

这里直接为新的键赋值就是添加元素。

4. 字典元素的删除

删除字典元素用 del 命令，格式为：

```
del 字典名[键]
```

例如：

```
>>>D = {'a':0.5, 'b':3}
>>> del D['b']                  # 删除键为'b'的元素
```

```
>>>D
{'a': 0.5}
```

使用字典的 clear()方法可以删除全部函数，例如：

```
>>> D = {'spam': 2, 'eggs': 3, 'milk': 3}
>>> D.clear()
>>> D
{}
```

5. 测试某个键是否在字典中

使用 in 或 not in 可以判断某个键是否在字典中，比如：

```
>>> D = {'spam': 2, 'eggs': 3, 'milk': 3}
>>> 'milk' in D
True
>>> 'beef' not in D
True
```

6. 字典元素的遍历

字典是无序的，但是仍然可以用 for 循环里遍历字典。比如：

```
>>> D = {'Jack': 70, 'Susan': 66}
>>> for key in D:
        print('name:%s  age:%d' % (key,D[key]))

name:Jack  age:70
name:Susan  age:66
```

这里的遍历过程实际上是对键的遍历。

7. 求字典元素的个数

使用 len()函数可以求字典元素个数，例如：

```
>>> D = {'Jack': 70, 'Susan': 66}
>>> len(D)
2
```

8. 判断两个字典是否相同

使用双等号(==)或不等号(!=)可以判断两个字典是否相同。例如：

```
>>> D1 = {'Jack': 70, 'Susan': 66}
>>> D2 = {'Susan': 66, 'Jack': 70}
>>> D1==D2
True
>>> D1 != D2
False
```

5.4.2 字典的常用函数

1. 用 keys()、values()、items()获取键视图、值视图、元素视图

字典中的三个函数 keys()、values()、items()分别用于获取字典的键视图、值视图、元素视图。
在 Python2.7 以前的版本，这几个函数返回键、值、元素列表。但是从 Python2.7 开始，这几个函数的返回称为视图的对象。例如：

```
>>> D ={'a':'1','b':'2','c':'3'}
>>> D.keys()                    # 返回键视图
dict_keys(['c', 'b', 'a'])
>>> D.items()                   # 返回元素视图
dict_items([('c', '3'), ('b', '2'), ('a', '1')])
```

视图不是独立存在的对象，它依附于字典，不能进行类似于列表操作。例如：

```
>>> D ={'a':'1','b':'2','c':'3'}
>>> keyView=D.keys()
>>>keyView[0]
Traceback (most recent call last):
  File "<pyshell#46>", line 1, in <module>
    keyView[0]
TypeError: 'dict_keys' object does not support indexing
```

这里连按下标访问都不行，因此列表的多数操作在视图中均无效。只能用 len()函数和 for 循环迭代对视图进行操作。例如：

```
>>> for x in keyView:
        print(x)


c
b
a
```

如果原字典进行了修改，则视图也随之改变。比如：

```
>>> D ={'a':'1','b':'2','c':'3'}
>>> keyView=D.keys()              # 首先建立视图
>>> del D['c']                    # 修改原字典
>>> keyView                       # 视图也随之改变
dict_keys(['b', 'a'])
```

可以通过 list()、tuple()函数将视图转化为列表或元组。例如：

```
>>> D ={'a':'1','b':'2','c':'3'}
>>> kList = list(D.keys())
>>> kList                         #键列表
['c', 'b', 'a']
>>> vList = list(D.values())
>>> vList                         #值列表
['3', '2', '1']
>>> t = tuple(D.items())
>>> t                             #元素构成的元组
(('c', '3'), ('b', '2'), ('a', '1'))
```

2. 用 get()函数获取字典的值

除了使用"字典名[键]"的方式获取对应的值之外，还可以使用 get()方法获取键对应的值。使用格式为：

```
dict.get(key, default=None)
```

其作用是返回字典 dict 中的键 key 对应的值，若字典中不存在此键，则返回 default 的值（参数 default 的默认值为 None）。例如：

```
>>> D = dict(name= '张三', email='zhang@sina.com')
>>> D.get('name')
'张三'
>>> D.get('address','无 address 信息')
'无 address 信息'
>>> D['address']                  # 用此方法访问不存在的键产生错误
Traceback (most recent call last):
  File "<pyshell#3>", line 1, in <module>
    D['address']
KeyError: 'address'
```

3. 用 pop()函数删除字典的元素

除了可以调用内置关键字 del 来删除一个元素，也可以使用字典的 pop 方法来取出一个键对应的值，并删除该元素。例如：

```
>>> D = dict(name= '张三', email='zhang@sina.com')
>>> D.pop('email')
'zhang@sina.com'
>>> D
{'name': '张三'}
```

4. 用 update()函数更新/添加元素

除了前面介绍的可以使用键作为索引来更新/添加值，也可以用 update()函数实现元素的更新和添加，例如：

```
>>> D = dict(name='张三', email='zhang@sina.com')
>>> D.update(name='李四', address='和平路 60 号')
>>> D
{'name':'李四', 'address':'和平路 60 号', 'email':'zhang@sina.com'}
```

在这里的 update()函数中，使用了字典原来就有的键 name，这样就修改了字典 name 键对应的值；同时使用了字典中没有的键 address，从而添加了一个元素。

【例 5-6】从屏幕输入一段英文文字，统计其中出现的英文单词及其出现次数。要求程序可以过滤掉常见的标点符号，并按下面要求输出：

（1）将出现次数大于 2 的单词按字典序输出并输出其出现次数。

（2）将出现次数大于 2 的单词按单词出现次数从大到小排序输出，并输出其出现次数。

【问题分析】本例的关键是分离单词，但首先要滤掉标点符号。过滤标点可以将常见标点全部替换为空格或一种标点，然后按这种唯一的标点分离出每个单词（split()）。本例要求统计每个单词的出现次数，可以用字典表示，单词是键，次数是值。对分离出的每一个单词，检查字典中是否已存在，若已存在，则值加 1；若不存在，则添加一个新元素，键为该词，值为 1。

【源程序】

```python
def getNum(x):
    return x[1]
def main():
    txt = (input('请输入一段英文: '))
    wordCount = {}                          #保存单词的字典
    # 处理字符串，将特殊符号一律改为逗号","
    for e in txt:
        if e in " !;.\t\n\"()-:#@$":
            txt = txt.replace(e, ',')
    L = txt.split(',')                      #按逗号分离单词
    L.sort()                                #字母表顺序对单词排序
    while L[0].isdigit() or L[0]=='':       #去掉数字和空串
        del L[0]
#统计单词及其出现次数
    for e in L:
        if e in wordCount:
            wordCount[e] = wordCount[e]+1
        else:
            wordCount[e] = 1
```

```
        print("按字典序输出单词及其出现次数(次数>2):")
        words = list(wordCount.keys())          #得到关键字列表
        words.sort()
        for e in words:
            if wordCount[e]>2:
                print(e,wordCount[e])

        print("按单词出现次数排序输出(次数>2):")
        L1 = list(wordCount.items())            #得到字典项列表
        L1.sort(key=getNum,reverse = True)
        for i in range(len(L1)):
            if L1[i][1]>2:
                print(L1[i][0],L1[i][1])
main()
```

【运行结果】

请输入一段英文: Composers today use a wider variety of sounds than ever before, including many that were once considered undesirable noises. Composer Edgard Varese (1883-1965) called thus the "liberation of sound...the right to make music with any and all sounds." Line Electronic music, for example—made with the aid of computers, synthesizers, and electronic instruments—may include sounds that in the past would not have been considered musical. Environmental sounds, such as thunder, and electronically generated hisses and blips can be recorded, manipulated, and then incorporated into a musical composition. But composers also draw novel sounds from voices and nonelectronic instruments. Singers may be asked to scream, laugh, groan, sneeze, or to sing phonetic sounds rather than words.

按字典序输出单词及其出现次数(次数>2):

and 6
of 3
sounds 6
the 4
to 3

按单词出现次数排序输出(次数>2):

and 6
sounds 6
the 4
to 3
of 3

【程序分析】

本例共分为以下几个步骤。

第一步，将输入的字符串中的单词分离出来，存入列表，并且去掉无意义的项(空串和数字形式的串)。列表中可以有重复单词存在。

这里首先将各种标点（包括空格）替换成逗号。而后以逗号为分隔符用 split 函数将单词放入列表。然后将此列表排序，这一步很关键，这样就将空串（连续的两个逗号之间为空串）和数字类型的元素放到了列表前部。而后用下面语句清除空串和数字类型的串：

```
while L[0].isdigit() or L[0]=='':    #去掉数字和空串
    del L[0]
```

每次都是考察并且去掉第一个元素，所以一直使用 L[0]。

第二步，将列表中的单词及其出现次数合起来作为字典的一项，建立一个字典。

去掉数字和空串后，列表中剩余的全是英文单词。考察列表中每个单词，若其存在于字典中则该单词出现次数加一，否则建立新的字典项。

第三步，按字典序输出单词及其出现次数。

这里首先得到字典的关键字列表（即单词列表），而后将关键字列表排序，最后将字典中元素按照关键字列表的顺序输出，也就是按字典序输出。

第四步，按单词出现次数排序输出单词及其出现次数。

这里首先得到字典的元素列表，即列表每个元素是以单词和出现次数组成的元组，而后按照元组中单词出现次数将列表排序，这里使用了下列语句：

```
L1.sort(key=getNum,reverse = True)
```

其中 getNum 函数得到元组的第二项的值，也就是出现次数。这样列表中的元组就按照单词出现次数从大到小排序了。最后将列表中的元素输出即可。

5.5　集　　合

在 Python 语言中，集合类型有两类：可变集合（Set）、不可变集合（Frozenset）。集合中的元素是无序且不能重复的。同时集合的元素是不可变数据类型，因此可变集合不能作为另一个可变集合的元素。当集合对象会被改变时(如添加、删除元素等)，只能使用可变集合，一般来说使用不可变集合的地方都可以使用可变集合。本节只讨论可变集合，并且简单写为集合。

5.5.1　集合的基本操作

1.　集合的创建

第一种方法使用大括号{}创建集合，例如：

```
>>>s1={1,2,3}
>>>s2={'sugar','sauce'}
>>>s3={('a','b'),1,2}          #不可用列表、字典等可变数据作元素
```

下面语句生成 0~9 之间的整数并放入集合：

```
>>> s4 = { i for i in range(10)}
>>> s4
{0, 1, 2, 3, 4, 5, 6, 7, 8, 9}
```

第二种方法可以用 set()函数创建集合，举例如下。

创建空集合：

```
>>> s=set()
```

注意创建空集只能用 set()，使用 s={}创建的空对象是字典。

用列表或元组创建集合：

```
>>> s=set(['a', 'c', 'b', 'a'])
>>> s
{'c', 'a', 'b'}
```

用字符串创建集合：

```
>>> s=set("中国")
>>> s
{'国', '中'}
>>> s=set('aaabbbccc')
>>> s
{'b', 'a', 'c'}
```

2. 添加元素

为集合添加一个元素，可以用 add()方法实现。例如：

```
>>> s={1,3,5}
>>> s.add('xyz')  # 添加一个元素
>>> s
{1, 'xyz', 3, 5}
```

还可以用 update()方法添加多个元素。例如：

```
>>> s={1,3,5}
>>> s.update([0,2,4],('a','b'),'xy')
>>> s
{0, 1, 2, 3, 4, 5, 'b', 'x', 'a', 'y'}
```

利用 update()添加多个元素时，它的参数可以是多个，每个参数都必须是可以迭代遍历的数据，如列表、元组、字符串等。

3. 删除元素

删除元素一般可以用集合对象的以下四个方法。

- s.discard(obj)：如果 obj 是集合 s 中的元素，从集合中删除对象 obj。
- s.remove(obj)： 删除元素 obj，若元素不存在则抛出异常错误。
- s.pop()： 删除集合 s 中的任意一个对象，并返回该元素。
- s.clear()： 删除集合 s 中的所有元素。

举例如下：

```
>>> s={'a','b','c','d','e'}
>>> s.discard('d')          # 删除元素'd'
>>> s
{'c', 'b', 'e', 'a'}
>>> s.discard('x')          # 删除不存在的元素不报错
>>> s.remove('c')           # 删除元素'c'
>>> s
{'b', 'e', 'a'}
>>> s.remove('x')           # 删除不存在的元素抛出异常错误
Traceback (most recent call last):
  File "<pyshell#21>", line 1, in <module>
    s.remove('x')
KeyError: 'x'
>>> s.pop()                 # 删除并返回任意一个元素
'b'
>>> s
{'e', 'a'}
>>> s.clear()               # 删除所有元素
>>> s
set()                       # 空集合
```

4. 判断元素是否属于集合

使用 in 或 not in 可以判断一个元素是否包含于集合。例如：

```
>>> s={'a','b','c','d','e'}
>>> 'c' in s
True
>>> 'a' not in s
False
```

5. 计算集合中元素的数目

使用 len()函数可以计算集合中元素的数目。例如：

```
>>> s={'a','b','c','d','e'}
>>> len(s)
5
```

5.5.2 判断集合间的关系

可以利用符号<、<=、>、>=、==、!=来判断两个集合的包含或相等关系。假定 s 和 t 是两个集合，则：

- 若 s < t 为真，则 s 是 t 的真子集。
- 若 s > t 为真，则 s 真包含子集 t。
- 若 s <= t 为真，则 s 是 t 的子集。
- 若 s >= t 为真，则 s 包含子集 t。
- 若 s == t 为真，则 s 与 t 相同。
- 若 s != t 为真，则 s 与 t 不相同。

举例如下：

```
>>> s={'a','b','c','d','e'}
>>> t={'a','b'}
>>> s < t
False
>>> s > t
True
>>> s >= t
True
>>> s == t
False
```

另外，方法 issubset()和 issuperset()也可以判断集合间的关系。若 s 和 t 是两个集合，则：

- 若 s.issubset(t)为真，则 s 是 t 的子集(与 s <= t 等价)。
- 若 s.issuperset(t)为真，则 s 包含 t(与 s>= t 等价) 。

5.5.3 集合的交并差运算

1. 求两个集合的交集

集合对象的方法 intersection()或'&' 操作可以求两个集合的交集。下面的示例代码求集合 s 和 t 的交集。

```
>>> s = {1,2,3}
>>> t = {1,2,4}
>>> print(s.intersection(t), s & t)          #用两种方法求交集
{1, 2} {1, 2}
```

2. 求两个集合的并集

集合对象的方法 union()或'|' 操作可以求两个集合的并集。下面的示例代码求集合 s 和 t 的并集。

```
>>> s = {1,2,3}
>>> t = {1,2,4}
>>> print(s.union(t), s | t)                 #用两种方法求并集
{1, 2, 3, 4} {1, 2, 3, 4}
```

3. 求两个集合的差集

集合对象的方法 difference()或'-' 操作可以求两个集合的差集。下面的示例代码求集合 s 和 t 的差集。

```
>>> s = {1,2,3}
>>> t = {1,2,4}
>>> print(s.difference(t), s - t)
{3} {3}
```

【例 5-7】通过对集合和列表进行下列操作：

（1）向列表添加 10000 个元素，向集合添加 10000 个元素；

（2）再向列表插入 10000 个元素，再向集合添加 10000 个元素；

（3）判断 10000 个元素是否在列表中，判断 10000 个元素是否在集合中；

（4）从列表中删除 10000 个元素，从集合中删除 10000 个元素。

比较集合类型和列表类型的相似操作在时间效率上的差异。

【问题分析】本例的插入、删除使用前面介绍的列表对象和集合对象的方法即可。要考虑时间效率，一般记录操作使用的时间。导入时间模块 time，使用 time.time()获得当前时刻，两个时刻相减即为时间长度。

【源程序】

```
import time
def main():
    BIG_NUM = 10000                        #元素个数
    L = []                                 # 列表
    S = set()                              # 集合
    # 向列表添加 10000 个元素
    startTime = time.time()                #获取列表的 append 开始时间
    for i in range(BIG_NUM):
        L.append(i)
    endTime = time.time()                  #获取列表的 append 结束时间
    duration = int((endTime-startTime)*1000)
    print('用 append 向 list 添加元素耗时: ',duration,'毫秒')

    # 向集合添加 10000 个元素
    startTime = time.time()                #获取集合 add 开始时间
    for i in range(BIG_NUM):
        S.add(i)
    endTime = time.time()                  #获取集合 add 结束时间
    duration = int((endTime-startTime)*1000)
    print('用 add 向 set 添加元素耗时: ',duration,'毫秒')

    # 向列表插入 10000 个元素
    startTime = time.time()                #获取列表的 insert 开始时间
    for i in range(BIG_NUM,2*BIG_NUM):
        L.insert(5000,i)
    endTime = time.time()                  #获取列表的 insert 结束时间
    duration = int((endTime-startTime)*1000)
    print('用 insert 向 list 添加元素耗时: ',duration,'毫秒')
```

```python
    # 向集合添加 10000 个元素
    startTime = time.time()                  #获取集合 add 开始时间
    for i in range(BIG_NUM,2*BIG_NUM):
        S.add(i)
    endTime = time.time()                    #获取集合 add 结束时间
    duration = int((endTime-startTime)*1000)
    print('用 add 向 set 添加元素耗时: ',duration,'毫秒')

    # 判断 10000 个元素是否在列表中
    startTime = time.time()                  #获取列表的 in 操作开始时间
    for i in range(BIG_NUM-5000,BIG_NUM+5000):
        i in L
    endTime = time.time()                    #获取列表的 in 操作结束时间
    duration = int((endTime-startTime)*1000)
    print('判断元素是否在 list 中耗时: ',duration,'毫秒')

    # 判断 10000 个元素是否在集合中
    startTime = time.time()                  #获取集合 in 操作开始时间
    for i in range(BIG_NUM-5000,BIG_NUM+5000):
        i in S
    endTime = time.time()                    #获取集合 in 操作结束时间
    duration = int((endTime-startTime)*1000)
    print('判断元素是否在 set 中耗时: ',duration,'毫秒')

    # 从列表中删除 10000 个元素
    startTime = time.time()                  #获取列表的删除操作开始时间
    for i in range(0,BIG_NUM,2):
        L.remove(i)
    endTime = time.time()                    #获取列表的删除操作结束时间
    duration = int((endTime-startTime)*1000)
    print('从 list 中删除所有偶数耗时: ',duration,'毫秒')

    # 从集合中删除 10000 个元素
    startTime = time.time()                  #获取集合删除操作开始时间
    for i in range(0,BIG_NUM,2):
        S.remove(i)
    endTime = time.time()                    #获取集合删除操作结束时间
    duration = int((endTime-startTime)*1000)
    print('从 set 中删除所有偶数耗时: ',duration,'毫秒')
main()
```

【运行结果】

```
用 append 向 list 添加元素耗时:  3 毫秒
用 add 向 set 添加元素耗时:  4 毫秒
用 insert 向 list 添加元素耗时:  187 毫秒
用 add 向 set 添加元素耗时:  3 毫秒
判断元素是否在 list 中耗时:  8845 毫秒
判断元素是否在 set 中耗时:  2 毫秒
从 list 中删除所有偶数耗时:  2285 毫秒
从 set 中删除所有偶数耗时:  2 毫秒
```

【结果分析】

通过对集合和列表进行大量的添加元素、删除元素、判断是否包含某元素的操作，可以看出集合类型的优势。

对于列表的 append 操作来说，由于始终在尾部插入（相当于不考虑位置），因此这一操作与集合的 add 操作效率相当。

而列表的 insert 操作需要计算插入位置，因此其执行效率比集合的 add 操作低很多。

相差最大的是判断是否包含某元素以及删除元素操作，由于集合类型的存储结构特别适合这种操作，因此其执行时间仅仅是列表上类似操作的千分之一。

【例 5-8】验证哥德巴赫猜想。哥德巴赫猜想是说，任何一个超过 2 的偶数都可写成两个素数之和，如 4=2+2、8=5+3 等。本例要求根据用户输入的偶数找出其素数和的分解形式。

【问题分析】一种简单的方法是，对于输入的偶数 N，找出其所有分解，逐一验证每一个满足 $N=k1+k2$ 的分解中 $k1$ 和 $k2$ 是否都是素数。比如对于数字 12，验证分解(2,10)、(3,9)、(4,8)、(5,7)、(6,6)中有没有两个数都是素数的情形，如果有，哥德巴赫猜想对该数就是成立的。这种算法对于只验证一个数字 N 的所有分解的情形是合适的，但对于需要验证多个偶数 N 的情形效率欠佳。比如需要验证 10、12、16 三个数，它们有分解 5+5、5+7、5+11，这样验证这几个分解时都要判断 5 是不是素数，重复的运算会很多。

本例采用另一种思路。首先建立一个素数表，该素数表要足够长，可以覆盖偶数 N 所有分解中可能遇到的素数。而后考察 N 的每个分解，看看分解出来的两个数是否都包含在素数表中。若是则找到一种素数分解。

【源程序】

```python
def main():
    # 输入待验证的偶数
    N = int(input('请输入待验证偶数 n(n>2): '))
    while N<3 or N%2==1:                     #检验输入的合法性，不合法再输入
        print('输入不符合要求')
        N = int(input('请输入待验证偶数 n(n>2): '))

    # 生成素数表
    Prime = set()
    for i in range(2, N+1):
        Prime.add(i)
    for i in range(2, N+1):
        if i in Prime :                 #若i在集合中,下面删除集合中i的倍数（它们不是素数）
            for k in range(2*i,N+1,i):  #删除除i之外所有i的倍数
                if k in Prime :
                    Prime.remove(k)
    # 验证该偶数能否分解为两个素数之和
    for e in Prime:
        f = N-e                         # 分解，一个和数+素数
        if  f>=e and f in Prime:        #检验是否素数分解
            print(N,'=',e,'+',f)
main()
```

【运行结果】

```
请输入待验证偶数 n(n>2)：98
98 = 19 + 79
98 = 31 + 67
98 = 37 + 61
```

【程序分析】

第一步，输入偶数 N。这里利用循环语句强制用户输入一个大于 2 的偶数，若不满足要求则一直循环下去。

第二步，生成素数表。这里生成一个小于等于 N 的所有素数组成的表。生成的方法是：首先建立一个集合，包含整数 2 到 N。然后将集合中除了 2 之外的所有 2 的倍数删除，再将集合中除了 3 之外所有 3 的倍数删除，再将除了 5 之外所有 5 的倍数删除，……，依此类推。这个生成素数的过程称为筛法。由以下语句实现：

```
①  for i in range(2, N+1):
②  if i in Prime :
③      for k in range(2*i,N+1,i):
④  if k in Prime :
⑤  Prime.remove(k)
```

这里之所以有语句②是因为若 i 不在集合中，则说明 i 的倍数已经全部删除，不必再进行后续删除操作了。第③句以下的循环删除除 i 之外所有 i 的倍数。之所以有语句④是因为在删除 i 的倍数时，某些 i 的倍数可能已经删除，不必再删除。比如对于数字 5，在删除 5 的倍数时，类似 10，15，20 都已经删除了，这时执行 remove() 操作会出错。

第三步，验证偶数 N 能否分解为两个素数之和。对于集合中每个元素 f，判断 N-f 是否为素数（即是否在集合中）。如果 N-f 也在集合中，则找到一个分解。

实际上，一个偶数分解成两个素数之后可能有多种形式。正如本例运行结果所示。

【扩展】①将本例的素数表的生成写成函数，素数表作为全局变量。②修改程序，一次运行可以多次输入（最大不超过 100 万），直到输入数据 0 结束，每个输入的数使用同一个素数表检验。

5.6　可变类型和不可变类型

5.6.1　可变类型和不可变类型的概念

Python 的数据类型可分成两大类：可变类型（Mutable）、不可变类型（Immutable）。可变类型就是在内存中和数据对象对应的那块区域可以被改变。而不可变类型则是指和数据对象对应的内存区域不可改变。

对于不可变类型，在修改对象内容的时候，必须在内存中再申请一块区域（旧区域不可变），而后将新内容写入该区域并将数据对象绑定到新区域。如果这时没有其他对象使用旧的内存区域，则旧区域将被释放。前面介绍的字符串类型就是不可变类型。考察下面代码：

```
>>> s1='abc'
>>> id(s1)              # 利用函数 id()输出 s1 内存地址
44798496
>>> s1=s1+'123'        # 修改 s1
```

```
>>> s1
'abc123'
>>> id(s1)                 # 再次输出 s1 内存地址，已经发生变化
56557024
>>> s1=s1.replace('abc','xyz')
>>> s1
'xyz123'
>>> id(s1)                 # 输出 s1 内存地址，再次发生变化
56557216
```

这里 s1 最初的地址是 44798496。利用语句 s1=s1+'123'修改 s1 之后，s1 的内存地址变为 56557024，这说明 s1 原本的内存区域没有作修改，而是新申请了一块内存并将其和 s1 绑定。同样，如果使用语句 s1=s1.replace('abc','xyz')再次修改 s1，那么 s1 的内存区域将再次改变。

如果数据类型是可变的，则修改对象内容的时候，可直接在原来的内存区域修改数据。如果数据对象需要更多的内存空间，那么系统会采用适当的方法扩展原来的内存区域，而不会丢弃原来的内存区域，也就是说它的内存地址会保持不变。列表是一种可变类型。考察下面代码：

```
>>> L=[1,2,3]
>>> id(L)
56620736
>>> L[2]='abc'            # 修改元素 L[2]
>>> L
[1, 2, 'abc']
>>> id(L)                 # 内存地址没有变
56620736
>>> L.insert(0,-1)        # 插入元素 -1
>>> L
[-1, 1, 2, 'abc']
>>> id(L)                 # 内存地址没有变
56620736
```

在上面的代码中，容易看出列表 L 被修改后其内存地址仍然不变。

在 Python 中，可变类型有列表、字典；不可变类型有布尔型、整型、浮点型、字符串、元组等。

函数的参数可以是可变类型，也可以是不可变类型，函数的执行结果可能因为参数是不可变的或者是可变的对象而有所不同。

5.6.2　不可变类型作函数形参

如果函数的参数是不可变类型的对象，在函数内对参数的改变不会影响到带入函数的原始参数。下面的例子以整型变量为例加以说明。

【例 5-9】观察以整型变量为参数的函数对传入的原始参数的影响。

【源程序】

```
# 子函数 change 的作用是将传入的参数加 1
def change(n):
    print('[在子函数中]执行 n=n+1 之前, id(n) = ', id(n), ' n = ',n)
    n = n + 1
    print('[在子函数中]执行 n=n+1 之后, id(n) = ', id(n), ' n = ',n)
def main():
    x=1
```

```
    print('[在主函数中]调用子函数之前, id(x) =',id(x),' x = ',x)
    change(x)
    print('[在主函数中]调用子函数之后, id(x) =',id(x),' x = ',x)
main()
```

【运行结果】

```
[在主函数中]调用子函数之前, id(x) = 1622261320  x = 1
[在子函数中]执行 n=n+1 之前, id(n) = 1622261320  n = 1
[在子函数中]执行 n=n+1 之后, id(n) = 1622261336  n = 2
[在主函数中]调用子函数之后, id(x) = 1622261320  x = 1
```

【结果分析】

这里 id 函数的结果是变量的内存地址。

第一行输出结果说明，在主函数调用子函数 change 之前，主函数中的变量 x 被创建且赋值为 1，如图 5-1(a)所示。

第二行输出结果说明,调用子函数 change 后,在执行语句 n=n+1 之前(即修改 n 的内容之前)，子函数中的变量 n 仅仅是变量 x 的引用（因两者内存地址相同），也就是说变量 n 并没有新开辟内存空间，如图 5-1(b)所示。

第三行输出结果说明，在子函数中执行语句 n=n+1 之后，变量 n 才真正开辟了内存空间且赋值为 2（因 x 和 n 内存地址不相同），如图 5-1(c)所示。

第四行输出结果说明，主函数中的变量 x 没有受到子函数的影响。

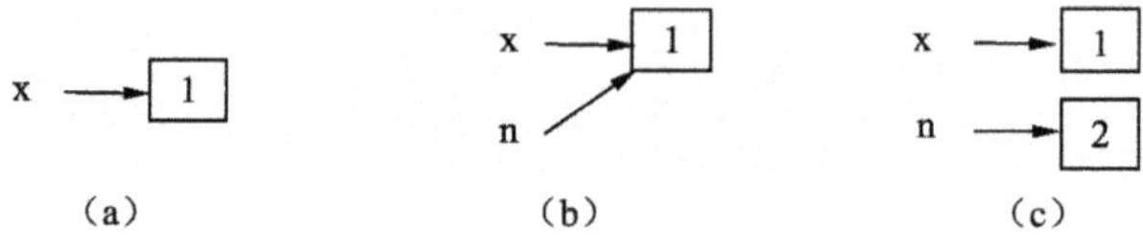

图 5-1　函数对不可变对象的作用

5.6.3　可变类型作函数形参

对于可变类型对象作为函数的参数的情况，函数内对参数的改变会直接改变作为实际参数传入的原始对象。

【例 5-10】观察以列表为参数的函数对传入的原始对象的影响。

【源程序】

```python
def SquareElem(L):
    i = 0
    while i<len(L):
        L[i] = L[i]*L[i]
        i = i+1
def main():
    S = [1,3,5]
    print('调用函数之前, 列表 S =', S)
SquareElem(S)
    print('调用函数之后, 列表 S =', S)
main()
```

【运行结果】

```
调用函数之前, 列表 S = [1, 3, 5]
调用函数之后, 列表 S = [1, 9, 25]
```

【结果分析】

第一行输出结果显示，在主函数调用子函数 SquareElem 之前，主函数中的列表 S 的内容为[1，3，5]。第二行输出结果说明，调用子函数 SquareElem 后，主函数中的列表 S 的内容为[1，9，25]。这说明在子函数中对参数 L 所做的修改实际上直接作用在外部的列表 S 上。

在编程时，应充分理解参数是不可变对象或者是可变对象的函数对外部传入对象的影响，并利用这些特点有效地编写程序。

5.7　迭代器和生成器

迭代器和生成器是 Python 最好用的功能之一。使用迭代器和生成器，可以使编程更高效。

5.7.1　迭代器

1. 迭代器概述

迭代器是一种对象，它提供了在某种容器（列表、字典等）上遍历元素的方法。换言之，迭代器对象从容器的第一个元素开始访问，直到所有的元素都被访问一遍后结束。迭代器不能回退，只能往前进行迭代。这并不是什么很大的缺点，因为人们几乎不需要在迭代途中进行回退操作。

任何迭代器必须至少实现两个方法：__iter__()和__next__()。前者返回迭代器对象自身，后者返回容器中的下一个元素。如果__next__方法被调用时，已经没有值可以返回，则引发一个 StopIteration 异常错误。

迭代器的一个优点是它不要求事先准备好整个迭代过程中所有的元素。迭代器仅仅在迭代至某个元素时才获取该元素，而在这之前或之后，元素可以不存在或者被销毁。这个特点使得它特别适合用于遍历一些巨大的或是无限的集合，如几 GB 的文件或斐波那契数列等。这个特点被称为延迟计算或惰性求值。但是这个特性是一把双刃剑，在程序中如果遍历容器中的元素和修改元素的操作同时执行，有可能造成程序运行异常。

Python 语言中主要的复杂数据类型，包括列表、元组、字典和集合等都支持迭代器的访问方式。

2. 使用迭代器

凡是可以通过迭代器进行访问的对象都是可迭代对象，因此列表、元组、字典、集合，甚至文件都是可迭代对象。使用迭代器可以手工地显式使用，也可以隐含式使用。

可以使用内置函数 iter 获取迭代器，格式为

```
iter( 某种可迭代对象 )
```

下面的例子展示了相关用法：

```
>>> s = {1,2}
>>> it = iter(s)                  # 创建迭代器
>>> it.__next__()                 # 获取下一个元素
1
>>> it.__next__()
2
>>> it.__next__()
Traceback (most recent call last):
  File "<pyshell#30>", line 1, in <module>
    it.__next__()
StopIteration
```

当迭代器移动到最后一个元素，再次调用__next__()时将会抛出 StopIteration 异常。事实上，Python 正是根据是否检查到这个异常来决定是否停止迭代的。了解这一情况以后，就可以按如下方式使用迭代器进行遍历了：

```
lst = [1,2]
it = iter(lst)                    #创建迭代器
try:                              #捕获异常
    while True:                   #循环，访问（获取）列表的每一个元素，直到末尾（异常）
        val = it.__next__()
        print(val)
except StopIteration:             #处理异常
    pass
```

上面的 try…except 结构用于捕捉异常。在 try 内部的语句如果产生 StopIteration 异常，则将执行 except 后面的语句，不会异常退出。

实际上，因为迭代操作如此普遍，Python 专门改造了关键字 for，使其可以隐式调用迭代器。上述代码可以写成如下的形式：

```
for val in lst:
    print val
```

在 for 循环中，首先 Python 将对关键字 in 后的对象调用 iter 函数获取迭代器，然后调用迭代器的__next__方法获取元素，直到抛出 StopIteration 异常。由于所有常见的内置类型自动产生它们的迭代器，所以 Python 程序员不需要知道这里发生了什么。实际上，现在字典里有 iterkeys()、iteritems()和 itervalues()方法来产生迭代器。

常用的几个内建数据结构如列表、元组、字典、集合都支持迭代器，字符串也可以使用迭代器操作。程序员也可以自己实现一个迭代器，只需要实现__iter__和__next__方法即可。但是需要自己实现迭代器的时候不多。

对于列表、元组、字符串而言，迭代器和经典 for 循环（即按下标访问）相比并无优势，但对无法随机访问的数据对象而言（如字典、集合），迭代器是唯一的访问元素的方式。

5.7.2　生成器

生成器是带有一个 yield 语句的函数，它用于产生一系列数据。其定义格式如下：

```
def  函数名(参数):
    …
    yield 变量
```

这里如果将 yield 换成 return 就是一个普通函数。而生成器是一个特殊的函数，它和普通函数的主要区别在于普通函数可以 return 一个数据，而生成器利用 yield 产生一系列数据。

普通函数 return 一个数据后函数就结束了。比如，调用 sin()函数计算一个正弦函数值，先是带入一个参数 x(如 x=3.1415)，再计算 $\sin(x)$ 的数值，最后 sin()函数将计算结果 y 通过语句 return y 反馈给调用者。

而生成器的运行过程则有很大不同，比如下面函数是一个生成器：

```
①def counter(start=0):
②    while True:
③        yield start
④        start += 1
```

当函数 counter 首次被调用时 start 为 0（或传入的数值），当执行到第③句，函数生成数据 0，然后暂停；当函数 counter 第二次被调用时，从第④句开始执行，显然再次循环到第③句时，生成数据 1；当 counter 第三次被调用时，生成数据 2，……，依此类推。生成器函数在每次暂停执行时，函数体内的所有变量都将被封存在生成器中，并将在恢复执行时还原。

Python 语言的生成器返回一个迭代器，该迭代器将遍历生成的数据。请看下面例子。

```
>>> def counter(start=0):
        while True:
            yield start
            start += 1

>>> g=counter(0)
>>> g.__next__()
0
>>> g.__next__()
1
>>> g.__next__()
2
>>> g.__next__()
3
......
```

这里生成器 counter 返回一个迭代器交给 g，每次使用 g 的 __next__()函数都调用一次函数生成一个数据。并且理论上这是一个无限长的序列。

当然生成器多数情况下并不是一个无限长的序列。比如：

```
>>> def get_0_1():
        yield 0
        yield 1

>>> g=get_0_1()
>>> g.__next__()
0
>>> g.__next__()
1
>>> g.__next__()
Traceback (most recent call last):
  File "<pyshell#12>", line 1, in <module>
    g.__next__()
StopIteration
```

显然，这里 get_0_1()函数只能生成两个数（yield 语句可以出现多次）。所以第三次调用 __next__()函数时出现 StopIteration 异常（即 for 循环的终止条件）。

生成器返回一个迭代器意味着生成器也可以用于 Python 的 for 循环中。这里另外定义一个生成器来展示这个特点：

```
>>> def fibonacci():
        a = b = 1
        yield a
        yield b
        while True:
            a, b = b, a+b
            yield b
>>> for num in fibonacci():
```

```
if num > 100:
        break
    print(num,end=" ")
```

```
1 1 2 3 5 8 13 21 34 55 89
```

这里生成器 fibonacci() 出现在 for 循环中。

生成器并不是一开始就计算序列中所有的元素，这样更灵活并且可以避开很多不必要的计算。

习　题　5

一、单选题

1. 关于列表（list）的说法错误的是（　　　　）。

    A. list 是一个有序集合，没有固定大小

    B. list 可以存放任意类型的元素

    C. 使用 list 时，其下标可以是负数

    D. 是不可变的数据类型

2. 以下程序的输出结果是（提示：ord（'a'）==97）（　　　　）。

```
listd = [1,2,3,4,5,'a','b','c','d','e']
print (listd[1] , listd[5])
```

    A. 1 5　　　　　　　B. 2 a　　　　　　　C. 1　97　　　　　　D. 2　97

3. 执行下面操作后，list2 的值是（　　　　）。

```
list1 = [4,5,6]
list2 = list1
list1[2] = 3
```

    A. [4,5,6]　　　　　B. [4,3,6]　　　　　C. [4,5,3]　　　　　D. A,B,C 都不正确

4. 下列程序的执行结果是（　　　　）。

```
data = [1, 2, 1, 3]
nums = set(data)
for i in nums:
print(i,end="")
```

    A. 1213　　　　　　B. 213　　　　　　C. 321　　　　　　D. 123

5. 下列（　　　　）定义的是字典。

    A. a=['a',1,'b',2,'c',3]　　　　　　　B. b=('a',1,'b',2,'c',3)

    C. c={'a',1,'b',2,'c',3}　　　　　　　D. d={'a':1,'b':2,'c':3}

6. 不可以使用下标运算的是（　　　　）。

    A. 列表 list　　　　B. 元组 tuple　　　　C. 集合 set　　　　D. str

二、编程题

1. 编写函数，判断用户输入的字符串是否由小写字母和数字构成。

2. 编程实现：用户输入一个字符串，将偶数下标位的字符提出来合并成一个串 A，再将奇数下标位置的字符提取出来合成串 B，再将 A 和 B 连接起来输出。

3. 请统计字符串中出现的每个字母的出现次数（忽略大小写，a 与 A 是同一个字母），并输出成一个字典，如{'a':3,'b':1}。

4. 编程实现将输入的一串字符从前到后每个字符向后移动一位，最后一个字符放到第一个位置，并将结果输出。

5. 用列表存储输入的奇数个数字，并且找出大小处于中间的数字并输出。

6. 已知 info = [1,2,3,4,5]，用两种方法，把列表变成 info=[5,4,3,2,1]。

7. 用户输入 n，然后输入 n 个整数存入列表中，编写函数对列表中的 n 个整数用冒泡排序方法进行排序，输出排序后的列表元素。注：不使用系统的 sort() 方法。

8. 编程实现：由用户输入建立一个列表，删除该 list 里面的重复元素，然后输出。

9. 对于元素有序的列表，可以进行二分查找：将 n 个元素分成个数大致相同的两半，取 $a[n/2]$ 与欲查找的 x 作比较，如果 $x=a[n/2]$ 则找到 x，算法终止。如果 $x<a[n/2]$，则我们只要在数组 a 的左半部继续搜索 x（这里假设数组元素呈升序排列）。如果 $x>a[n/2]$，则我们只要在数组 a 的右半部继续搜索 x。编程实现二分查找并验证。

10. 编程实现：用户输入两个 3×3 的矩阵，计算它们的和并输出。

11. 利用字典存储一些学生信息，每个信息包括学号和姓名，由用户输入。将信息按学号从小到大排序后输出。

12. 一个字典中包含若干职工信息，每条信息包含员工姓名和性别（姓名为关键字）。编写函数删除所有女性职工的信息。

13. 一个列表由若干整数构成，编写函数删除其中素数元素。

14. 假定集合包含若干复数。求出虚部大于零的复数子集合，求出实部大于零的子集合，再求出这两个子集的交集，将它们输出。

15. 探究题。查找资料，学习什么是快速排序，编写函数，对列表元素使用快速排序法排序。比较快速排序和冒泡排序的效率。

第 6 章
文件及目录操作

　　程序运行时使用的数据一般都在内存中，一旦程序关闭，这些数据也随之消失。而文件放在外存中，使用文件就可以永久性地保存数据，因此程序常常需要利用文件保存信息。文件最基本的操作是创建文件、读写文件等。Python 语言与其他高级语言一样，具有操作文件的基本能力。

　　同时，与文件密切相关的一些操作系统的功能，如删除文件、复制文件、判断文件存在与否、创建目录、遍历目录等，在 Python 语言中也可以轻松实现。

　　这一章将介绍一些与文件及目录相关的基本编程方法。

6.1　文件打开与关闭

　　文件打开与关闭，实际是建立程序中的文件对象和文件的一种关联关系。文件的格式、内容不同，文件的打开方式和读写方式也不同。

6.1.1　文本文件和二进制文件

　　根据文件中数据的组织形式，文件可分为两类：文本文件和二进制文件。

　　文本文件是一种由若干行字符构成的计算机文件，可以用文本编辑器（如 Windows 中的记事本）进行编辑。除了普通的以 txt 为后缀的文本文件，还有很多常见的文件类型也是文本文件，如以 htm 为后缀的网页文件、以 lrc 为后缀的歌词文件、以 py 为后缀的 Python 源程序文件等。文本文件可以有多种编码形式（即将字符转换成二进制码的方式），如 ASCII 码、UNICODE 码、GB2312 码等。有些文本文件虽然可编辑，但最终用户在使用时可能并不是用文本编辑器查看内容。比如网页文件，它的内容实质上是告诉浏览器在哪里显示文字、在哪里显示图片等，用户使用时一般用浏览器打开，歌词文件也属于类似情况。当然从本质上讲，文本文件也是二进制文件，因为计算机处理的全是二进制数据。

　　二进制文件一般是指不能用文本编辑器编辑的文件，它们都有各自特定的格式。声音、图像、视频都是二进制文件。如果想要打开这些文件，对这类文件进行修改，一般需要通过软件进行，如用 Photoshop 可以编辑图像文件。另外，可以由操作系统加载执行的文件称为可执行文件，这是一类极其重要的二进制文件。在不同操作系统下，可执行文件的格式各不相同。Windows 下的可执行文件后缀一般是 exe、com、dll 等。事实上，当一个软件或者操作系统读写这些二进制文件时，都是按照该二进制文件的格式以字节为基本单位读取或写入信息的。比如 24 位真彩色的

BMP 位图的每个像素点由 24 位二进制构成，即三个字节构成，每个字节可以表示 256 种不同深浅级别的红色、绿色或蓝色，在读写 BMP 文件中每个点的颜色时就要按照这种格式读写。二进制文件的格式往往分成有不同含义的多个段落，每个段落又包含多个元素，段落中每个元素由长度不同的二进制组成。比如 WAVE 文件由三部分组成：文件头（其中要标明是 WAVE 文件、文件结构和数据的总字节数），数字化参数（包括如采样率、声道数、编码算法等信息）以及实际波形数据。如果要编程处理这些二进制文件，一定要根据其格式编写程序。

6.1.2　文件打开与关闭函数

1. 文件的打开

要想处理一个文件，首先要打开或创建文件。在 Python 语言中，打开或创建文件需要使用 open 函数。这个函数是 Python 内置函数，可直接使用，其格式如下：

```
fileObject = open(filename, mode)
```

其中，filename 是文件名（可以包含路径），mode 是文件打开方式。函数返回一个与文件相关联的文件对象 fileObject，后续操作都将通过这个对象进行。

2. 文件的打开方式

文件打开方式指明文件打开后的读写方式，表 6-1 列出了打开方式的参数。

表 6-1　　　　　　　　　　　　　　文件打开方式

方　　式	功　　能
'r'	以只读方式打开文件(默认方式)
'w'	以只写方式打开文件(打开时清空文件)
'a'	打开文件，在文件末尾添加信息
'rb'	以只读方式打开二进制文件
'wb' 'ab'	以只写方式打开二进制文件 以添加方式打开二进制文件
'+'	设置读写模式（放在上面模式之后）

关于打开方式的几点说明如下。

（1）"+"号用于放在其他模式后面，添加该模式所没有的读文件或写文件的功能。比如：

a+表示可读写，写入只能在文件末尾进行。

w+表示可读写，该方式要先清空文件内容，然后写入。

r+表示可读写，不清空原有内容，可在文件任何位置写入，默认位置为起始位置。

rb+、ab+、wb+与 r+、a+、w+类似，只是前面三者打开二进制文件。

（2）凡是带 r 的文件打开方式(包括 r、r+、rb、rb+等)都是打开已经存在的文件，若文件不存在，则文件打开失败，程序会报错。

（3）凡是带 w 和 a 的文件打开方式(包括 w、w+、wb、wb+、a、a+等)，都是打开已经存在的文件；若文件不存在，则会创建一个新文件。

3. 文件打开举例

下面给出一些打开文件的例子。

● 以只读方式打开当前目录（即 Python 源程序所在目录）中的文本文件 grade.txt：

```
file1 = open("grade.txt")              #第二个参数省略
```

- 以可读写方式打开 c:\pySrc 目录中的文件 msg.txt：

```
file2 = open("c:\\pySrc\\msg.txt", "w+")
```

这里使用'\\'表示'\'，是转义字符的应用。

- 以二进制方式打开文件 abc.bmp 且仅仅用于输入信息：

```
file3 = open("abc.bmp", "rb")
```

4. 文件的关闭

当文件读写操作完成之后，应该将文件关闭。关闭文件需要调用成员函数 close()，它负责处理缓存中未处理的数据并关闭文件。如果文件对象名为 fileObj，则使用方式为

```
fileObj.close()
```

当打开文件用于写入信息时，如果没有关闭文件，那么程序运行结束时，有可能出现写文件不正确的情形。

不论打开文件是用于写信息还是读信息，在适当时刻主动关闭文件都可以优化程序的内存使用，提高程序可靠性和可读性，是一个良好的编程习惯。

Python 引入了 with 语句来自动调用 close()方法，格式如下：

```
with open(filename, mode) as f:
    < 利用 f 读写文件 >
```

这里 f 是文件对象，当 with 内部的语句执行完毕后，文件将被关闭，不需要调用 close()方法。这样可以简化代码。

6.1.3　如何避免文件打开异常

当使用 open()函数以读文件的方式打开一个文件时，如果文件不存在，open()函数就会抛出一个异常错误，并且给出错误码和详细的信息，说明文件不存在。比如：

```
>>> f=open('readfile.txt', 'r')
Traceback (most recent call last):
  File "<pyshell#7>", line 1, in <module>
    f=open('readfile.txt', 'r')
FileNotFoundError: [Errno 2] No such file or directory: 'readfile.txt'
```

有时候在程序执行时，并不能确定想要打开的文件是否存在，因此简单地直接使用 open()函数以读文件方式打开文件就很可能产生异常使程序中止。能否使程序遇到上面异常情形时也能以正常方式结束程序或执行其他语句呢？这就要用到 Python 的异常处理机制。

在 Python 中处理异常的语句如下：

```
try:
    <body>
except <ExceptionType>:
    <handle>
```

语句序列<body>是可能引起异常的部分，<ExceptionType>指某种类型的异常，如 FileNotFoundError，<handle>指处理异常情况的语句序列。

当<body>中某一条语句引发异常时，<body>中剩余的部分将不执行，如果产生的异常和<ExceptionType>相符合，则异常情况的语句<handle>部分将被执行。比如前面打开文件的操作可以写成下面的形式：

```
try:
    f=open('readfile.txt', 'r')
except FileNotFoundError:
```

```
print('文件 readfile.txt 不存在')
```

当文件不存在时，程序输出“文件 readfile.txt 不存在”后正常结束。

也可以先判断文件是否存在，如果存在才可以打开文件，否则就不打开文件。判断文件是否存在可以使用 Python 语言的 os 模块，该模块包含了与操作系统相关的很多方法，如创建目录、删除目录、查找文件或目录、文件移动等。下面的语句判断文件“abc.txt”是否存在于当前目录：

```
import os
if not os.path.exists("abc.txt"):
    print("文件不存在")
```

这里首先引入了 os 模块，而后调用 os.path 模块的 exists 函数，判断文件是否存在。若文件不存在，函数返回 False。由于前面有 not 修饰符，因此函数返回 False 的时候程序输出信息“文件不存在”。编程时可灵活使用这种方法。

6.2　文件读写相关函数

在 Python 中与文件读写相关的函数主要分为三类：读文件函数、写文件函数、文件指针定位函数。这些函数都是文件对象（即 open 函数返回的对象）的成员函数。

6.2.1　文件指针的概念

每个打开的文件都有一个隐含的文件指针用于标记位置，它实质上是一个从文件头部开始计算字节数的 long 类型变量。它指向的位置就是文件读写操作的当前位置。文件打开方式不同则指针的开始位置也不同。比如以包含 r 或 w 的方式打开则文件指针初始位置是指向文件头部，以包含 a 的方式打开则指针初始位置是指向文件尾部。每读或写若干个字节，指针就在文件中后移相同数量的字节。而文件指针定位函数可以让程序员了解指针的位置或自己指定读写位置。

6.2.2　读文件相关函数

读文件函数包括 read()、readline()和 readlines()。假定文件对象为 input，这些函数的用法如下。
（1）读取整个文件，将其内容作为一个字符串返回。

```
res = input.read()
```

这里 res 得到读取的结果字符串。
（2）从文件当前位置开始读取 N 个字符，将其内容作为一个字符串返回。

```
res = input.read(N)                #N 为整数
```

这里 res 得到读取的字符串。假设读了 k 个字节，则文件指针也向后移动 k 字节。

字符数可以不等于字节数，如读到汉字时一个字符是一个汉字，包含两个字节。

（3）从文件当前位置开始读取下一行信息，结果作为一个字符串返回。

```
res = input.readline()
```

这里一行数据以回车符'\n'或文件末尾标记表示结束。当以'\n'为行结束标记时，readline 读取的一行信息也包含字符'\n'。当读到文件末尾时（即没有遇到'\n'），该函数返回当前位置到文件末尾的字符信息。

（4）读取文件中所有行，将每一行作为一个字符串放入一个列表，再返回此列表。

```
rList = input.readlines()
```

这里 rList 得到返回的列表，列表的每一个字符串元素的末尾都有字符'\n'。其实这个函数内部是通过循环调用 readline() 来实现的。

（5）利用 for 循环获取文件中每一行。

这里的循环当然不是一种函数，但它也起到获取文件信息的作用，故列于此处。

```
for line in input:
    <处理字符串 line>
```

也可以使用下面格式：

```
for line in open('data.txt'):
    <处理字符串 line>
```

这里利用 open 函数打开文件 data.txt 用于迭代遍历数据。

6.2.3　写文件相关函数

写文件的函数主要有三个：write()、writeline()和 writelines()。假定用于写入信息的文件对象为 output，这些函数的用法如下。

（1）向文件写入字符串 str。

```
output.write(str)
```

这个函数将字符串的内容写入文件，不会在字符串后加换行符。

（2）把对象中的多个字符串全部写到文件中。

```
output.writelines(seq)
```

这里 seq 是包含一系列字符串的列表、元组或集合。同 write 一样，这个函数也只是忠实地在文件中写入字符串，不会在每行后面加换行符。

6.2.4　文件指针定位函数

在文件的读写过程中，文件指针会不断变换位置。程序员有些时候需要知道文件指针的位置，有些时候需要移动文件指针。下面两个函数是常用的与文件指针相关的函数（这里假定文件对象为 fp）。

（1）获取文件指针的位置。

```
L = fp.tell()
```

这里 L 将得到一个整数值，实际上是从文件头部到当前位置的字节数。注意，回车也计算在内。

（2）移动文件的指针。

```
fp.seek(offset[,where])            #[ ]表示其中的参数可以省略
```

该函数把文件指针移动到相对于 where 的 offset 位置。where 为 0 表示文件开始处，这是默认值；where 为 1 表示当前位置；where 为 2 表示文件结尾处。

在使用本函数时有如下几种情形。

- where=0 时，offset 为正整数，表示将文件指针从头部向后移动 offset 个字节。
- where=1 时，offset 可以为正或负的整数，表示将文件指针从当前位置向后或向前移动 offset 个字节。
- where=2 时，offset 为负整数，表示将文件指针从尾部向前移动 offset 个字节。

若省略参数 where，则相当于 where=0 的情况。

6.2.5　其他常用的函数

与文件相关的函数还有一些，这里列出两个常见的函数。

（1）把缓冲区的内容写入硬盘文件。

设 output 为文件对象，它可用于写入信息，则下面语句把缓冲区的内容写入文件：

```
output.flush()
```

注意，write()和 writelines()函数执行时首先将内容写入内存缓冲区，以后才写入磁盘文件。flush()函数要求操作系统立即执行写入磁盘文件的操作。

（2）重新设置文件长度

设 fp 为文件对象，则重新设置文件长度的方法是：

```
fp.truncate([size])
```

这个函数把文件设置为 size 字节。如果 size 比文件原来的长度小，则将文件裁成 size 的大小，若没有指定 size 则裁切到当前文件指针的位置。如果 size 比文件的大小还要大，依据系统的不同可能是不改变文件，也可能是用 0 把文件补到相应的大小，也可能是以一些随机的内容加上去。

6.3　文本文件的读写

6.3.1　向文件写入信息

下面通过几个小例子说明 write()和 writelines()函数的用法。

【例 6-1】利用 write()函数写入字符串信息。

【源程序】

```
def main():
    # 打开文件用于写入
    f = open("result.txt",'w')
    # 写入三个字符串，没有换行符
    f.write("北京")
    f.write("上海")
    f.write("西安")
    # 写入字符串，包含换行符
    f.write("\n 北京\n")
    f.write("上海\n 西安\n")
    f.close()
main()  #执行主函数
```

【运行结果】

例 6-1 的运行结果如图 6-1 所示。

可以看出，write()函数在写入字符串时不会自己添加回车换行符，所以第一行的"北京上海西安"连在了一起；只有当字符串中包含 '\n' 符号时，写入过程才会在 '\n' 处换行。

【例 6-2】利用 writelines()函数写入列表中的信息。

【源程序】

```
def main():
    # 打开文件用于写入
    f = open("result.txt",'w')
    # 写入列表，其中每个元素都没有换行符
    L1 = ["交通大学","长安大学","西北大学"]
    f.writelines(L1)
    f.writelines("\n")
    # 生成新列表，其中每个元素最后都是换行符
    newList = [ line+'\n' for line in L1 ]
    # 写入新列表
    f.writelines(newList)
    f.close()
main()                          #执行主函数
```

【运行结果】

例 6-2 的运行结果如图 6-2 所示。

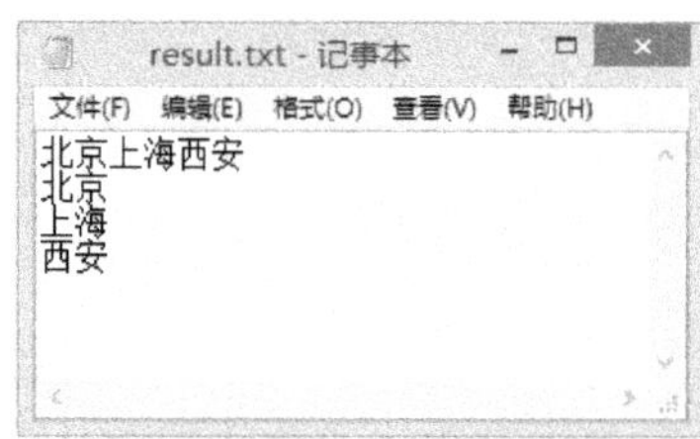

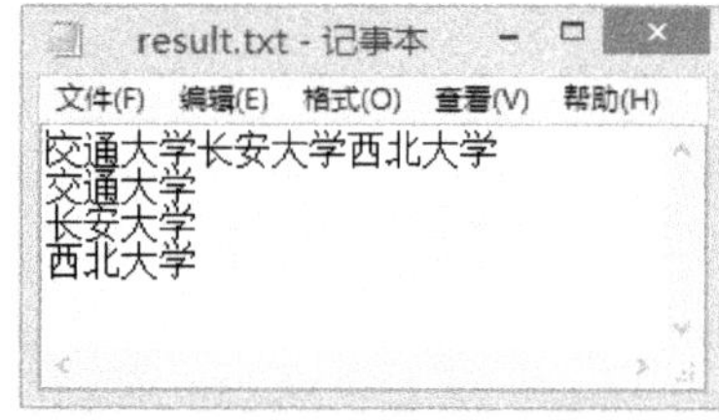

图 6-1　write 函数写入后文件 result.txt 的内容　　　图 6-2　writelines 函数写入后文件 result.txt 的内容

显而易见，writelines()函数在写入列表中的字符串时也不会在每个字符串后添加回车换行符，所以第一行的"交通大学长安大学西北大学"连在了一起。而语句：

```
[ line+'\n' for line in L1 ]
```

生成了一个新列表，新列表中每个元素是在旧列表的元素后面加上'\n'，因此写入新列表时分成了三行写入。

【例 6-3】向例 6-2 生成的文件添加信息。

【源程序】

```
def main():
    # 打开文件用于添加
    f = open("result.txt",'a')
    f.writelines("\n")
    str = '这是新的一行'
    # 添加一行字符串
    f.write(str)
    f.close()
main()   #执行主函数
```

【运行结果】

例 6-3 的运行结果如图 6-3 所示。

在前面例 6-2 的程序中，最后一行"西北大学"的后面是有一个换行符的，而本程序添加新的一行之前又输出了一个换行符，也就是语句 f.writelines("\n")，因此最后新添加的一行和前面的信息隔了一行。显然以'a'方式打开文件后，文

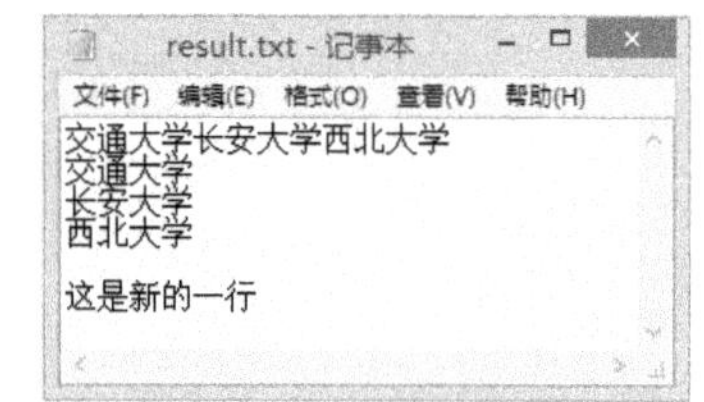

图 6-3　添加信息后文件 result.txt 的内容

件指针位于文件的末尾。

6.3.2　从文件读取信息

下面的例子演示了通过 read()、readline()、readlines()函数读取数据的用法。

【例 6-4】读取文件中的若干字节、读取一行、读取多行、读取全文、迭代读取。

【源程序】

```python
def main():
    # 先生成文件
    f = open("result.txt",'w')
    f.writelines("西安交通大学\n")
    f.writelines("Xi'an Jiaotong University\n")
    f.close()

    ifile = open("result.txt",'r')
    print('[1]测试 read(N): ')
    s1 = ifile.read(2)                     # 读取前两个汉字
    print(s1)
    ifile.seek(14,0)
    s1 = ifile.read(5)                     # 读取第二行前 5 个字符
    print(s1)
    ifile.close()

    ifile = open("result.txt",'r')
    print('\n[2]测试 readline(): ')
    s2 = ifile.readline()                  # 读取第一行，注意有'\n'
    print(s2)
    ifile.close()

    ifile = open("result.txt",'r')
    print('[3]测试 readlines(): ')
    L = ifile.readlines()                  # 读取数据到列表 L
    print(L)
    ifile.close()

    ifile = open("result.txt",'r')
    print('\n[4]测试 read()读取全文：')
    str1 = ifile.read()                    # 读取全文到字符串 str1
    print(str1)
    ifile.close()

    print('[5]测试 for 循环迭代读取全文：')
    ifile = open("result.txt",'r')
    i = 1
    for line in ifile:
        print('第',str(i),'行: ', line, end="")
        i=i+1
    ifile.close()
main()                                     #执行主函数
```

【运行结果】

```
[1]测试 read(N):
西安
Xi'an

[2]测试 readline():
西安交通大学

[3]测试 readlines():
['西安交通大学\n', "Xi'an Jiaotong University\n"]

[4]测试 read()读取全文:
西安交通大学
Xi'an Jiaotong University

[5]测试 for 循环迭代读取全文:
第 1 行：西安交通大学
第 2 行：Xi'an Jiaotong University
```

例 6-4 中的程序首先生成一个文件，包含两行信息，如图 6-4 所示。

后续的程序共分成 5 个部分。

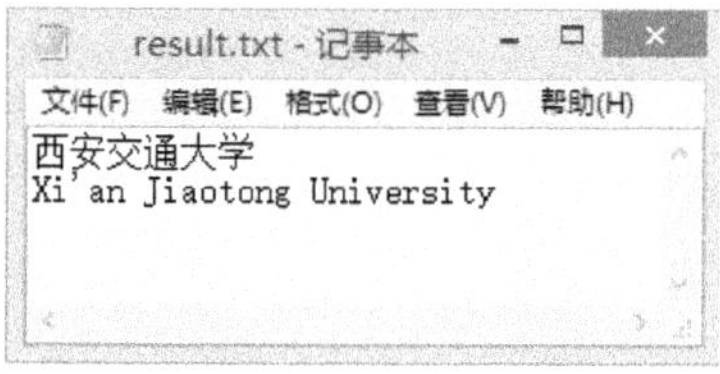

第一部分测试 read(N)：这里文件实际上是用 GBK 编码处理的，因此汉字作为一个字符看待。ifile.read(2)读取前两个汉字输出"西安"。语句 ifile.seek(14,0)设定从文件头部向后移动 14 个字节，在 GBK 编码中换行用 2 个字节表示，每个汉字也是两个字节，所以移动 14 个字节就到达第二行 "Xi'an Jiaotong University" 的开始位置，因此语句 ifile.read(5)也就读取第二行前 5 个字符。

图 6-4　程序生成的文件的内容

第二部分测试 readline()：重新打开文件后，文件指针位于头部，读取第一行信息。

第三部分测试 readlines()：将读取的两个字符串存入列表中。

第四部分测试 read()：将全文信息一次性读取放入字符串中。

第五部分测试 for 循环迭代读取信息。

6.3.3　读写数字类型信息

程序在处理文件时，经常遇到文件中包含数字的情形。而利用 read()、readline()等函数读取的信息全都是字符串信息，如果要进行数学计算就需要将字符串转换成数字。另一方面，当用 write()、writelines()向文件写入数字信息时，也需要将数字转换成字符串后才能写入。下面的例子演示了这种类型转换。

【例 6-5】输入学生成绩生成文件，再读取信息计算平均成绩。

【源程序】

```python
def main():
    fp = open("grade.txt",'w')
    for i in range(2):                      #共输入 2 个人的信息
        name = input('姓名：')              # 输入姓名
        math = int(input('数学：'))         # 输入数学成绩，转整数
```

```
        english = int(input('英语: '))        # 输入英语成绩, 转整数
        line = name + "  " + str(math) + " " +str(english) + '\n'      # 构造字符串
        fp.write(line)                          # 写入文件
    fp.close()                                  # 关闭文件

    ifile = open("grade.txt",'r')               #打开文件
    print("    成绩单     \n----------------")
    for line in ifile:                          # 逐行读
        L = line.split()                        # 将字符串以空格分开存入列表
        avg = (float(L[1]) + float(L[2]))/2            #字符串转浮点数
        print(L[0], L[1], L[2], avg)            #显示
    ifile.close()
main()                                          #执行主函数
```

【运行结果】

```
姓名: 李四
数学: 89
英语: 85
姓名: 王五
数学: 90
英语: 80
成绩单
----------------
李四 89 85 87.0
王五 90 80 85.0
```

例 6-5 接收从屏幕输入的两组学生成绩，生成一个含有两行信息的文件，数字转换成字符串
使用了 str()函数。读取信息时，每次读取一行，而后用 split()函数将字符串以空格分开存入列表。
这里将数字型的字符串转换成浮点数用了 float()函数。

6.4　二进制文件的读写

在处理二进制文件时，可以使用 write(N)、read(N)函数进行读写，这时写入或读取的信息是
N 个字节的二进制信息(以字节为单位)。如果这种 N 个字节的二进制数据对应着一个字符串，那
么就可以直接使用，但是这些数据也可能是整数、实数或其他类型的数据。因此如果用 write()、
read()直接读写文件，就往往要进行以字节为单位的二进制数据和其他类型数据之间的转换，这种
转换往往较为繁琐。在 Python 语言中有两个模块为程序员提供了操作二进制文件的捷径，分别是
struct 模块和 pickle 模块。

6.4.1　使用 struct 读写二进制文件

为方便起见，本章称以字节为单位的一系列二进制数据为字节流(不一定是字符串)。struct 模
块的基本功能是将一系列不同类型的数据封装成一段字节流；或者反过来，将一段字节流解开成
为若干个不同类型的数据。

struct 模块中最重要的三个函数是 pack()，unpack()，calcsize()。

（1）数据封装函数

```
pack(fmt, v1, v2, ...)
```

该函数按照给定的格式 fmt 把数据 v1,v2,…封装成字节流。

（2）数据解封函数

```
unpack(fmt, string)
```

该函数按照给定的格式 fmt 解析字节流 string，返回解析出来的元组。

（3）格式大小计算函数

```
calcsize(fmt)
```

它用于计算给定的格式 fmt 占用多少字节的内存。

这些函数里的 fmt 是格式化字符串，由数字加格式字符构成。若格式串是'5s2if'，则 5s 表示占 5 个字符的字符串，2i 表示两个各占 4 个字节的整数，f 表示占 4 个字节的实数。于是'5s2if'表示一段长度为（5+2*4+4）的字节流。

若将格式串'5s2if'用于函数 pack，则表示将后面的数据（包含一个字符串、两个整数、一个实数）封装成长度为（5+2*4+4）的一段字节流。

若将格式串'5s2if'用于函数 unpack，则表示从后面的字节流中按照字节数 5、4、4、4 依次取出数据并将这些字节流片段组成元组返回。

struct 中有很多格式符，它们和 C 语言的数据类型一一对应。表 6-2 给出了一些常用的格式符。

表 6-2　　　　　　　　　　　　　　　struct 中支持的部分格式符

格式符	对应数据类型	数据字节数
c	字符	1
?	布尔型	1
h	短整数	2
i	整数	4
f	实数	4
d	实数(双精度)	8
s	字符串	1

为了和一些 C 或 C++语言的编译器配合，默认情况下 pack、unpack 函数使用了字节对齐处理，简单讲就是将格式化字符串的长度扩展为 4 个字节的倍数。比如上面的'5s2if'原本是长度 17 的字节流，但为了字节对齐，函数会把 5s 扩展成 8s，于是变成长度为 20 的字节流。

可以通过在格式化字符串的前面加上一个'!'或'='来取消字节对齐处理。这两个符号的差别是'!'按照网络字节序对数据编码，'='按照主机字节序对数据编码。比如说 128 这个整数，按照网络字节序其编码是\x00\x00\x00\x80，按照主机(本地计算机)字节序其编码是\x80\x00\x00\x00，这里\x 表示后面是一个十六进制表示的字节。字节序的不同是因为硬件厂商设计产品时存储多字节信息的方式不同。编程时只要按照同一种字节序及对齐处理方式封装字节流和解析字节流，就可以正确处理信息。

以上关于 struct 模块的格式字符串的叙述仅仅是一些简单的介绍，详细的说明请参看 Python 语言帮助。

为了使用 struct 模块，在程序头部应加入 import struct 语句，使用函数时格式为

```
struct.函数名(参数)
```

【例 6-6】使用 struct 模块读写二进制文件。

【源程序】

```
import struct
def main():
    file = open("binFile", "wb")                    #以二进制写方式打开文件
    s1 = '王涛'.encode("utf-8")                      #将 str 转换为 utf-8 字节序列
    s2 = '机械 11'.encode('utf-8')
byte = struct.pack("!6s8si",s1,s2,128)              #封装成字节流
    file.write( byte )
    file.close()

    file = open("binFile", "rb")                     #以二进制读方式打开文件
    a,b,c = struct.unpack("!6s8si",file.read(6+8+4))         #解封
    file.close()
    print( a.decode("utf-8"),b.decode("utf-8"),c )
main()
```

【运行结果】

```
王涛 机械 11 128
```

【程序分析】

为了将字符串写入文件，需要将字符串转换为字节序列。这可以使用 encode 函数实现，其格式为

```
字符串.encode("编码")
```

这里函数的参数可以是 utf-8、gbk 等，表示不同的编码方案。

本程序首先将'王涛'转换为 utf-8 字节序列，由于在 utf-8 中汉字占 3 个字节，于是字符串'王涛'对应 6s(6 个字节)，同理'机械 11'共占 8 个字节。128 则占据 4 个字节。这些数据的前后顺序及长度恰好和"!6s8si"对应。

而在 unpack 函数中，file.read(6+8+4)读取 18 个字节，恰好和"!6s8si"表示的长度相同，按照 6、8、4 的字节数取出信息后分别传递给 a、b、c。这里变量 c 直接转换为一个整数。而为了将前两个字节序列转换为两个字符串，需要使用 decode 函数，其格式为

```
字符串.encode("编码")
```

注意，在使用 pack、unpack 函数时，只有字符串需要使用 encode、decode 函数进行编码处理，其他类型变量不需要这么做。

在例 6-6 中通过程序生成的二进制文件是无法用文本编辑器阅读和修改的，如果强行用 Windows 的记事本程序打开，看到的将是乱码。其实 struct 不仅可以用于读写自定义的二进制文件，还可以用来读写常见的有标准格式的二进制文件，如音频、位图等。下面的例子读取位图文件 bmp 的大小。

【例 6-7】读取一个位图文件的类型及大小。

【源程序】

```
import struct
file = open("a.bmp", "rb")                   # 以二进制读方式打开位图文件 a.bmp
a = struct.unpack("2s",file.read(2))         # 读两个字节并解封为两个字符，这是文件类型标志
b = struct.unpack("i",file.read(4))          # 再读 4 个字节并解封为一个整数，这是文件大小
print( a[0].decode(),b[0] )                  # decode 函数默认解析为 utf-8 字符串
```

【运行结果】

```
BM 142350
```

【程序分析】

Windows 中标准的位图文件（即 bmp 文件）包含两大部分，第一部分是文件信息头，它包括文件大小、颜色深度（8 位、24 位等）、位图宽度、位图高度等信息。第二部分是每个点的颜色数据。而文件信息头的前两个字节一定是 BM，其后面的四个字节存储的是文件大小，它是一个以字节为单位的整数。本程序先是读取了两个字节，将它解析为 utf-8 的字符串；而后再读取四个字节，将它转化为一个整数。上面程序发现这个 bmp 文件大小为 142350 字节。bmp 文件大小可以通过 Windows 系统资源管理器查看，读者可以自行验证上面程序的正确性。

6.4.2 使用 pickle 实现数据序列化

所谓序列化是指将程序中运行的对象的信息保存到文件中去，实质上就是将任意一个 Python 对象转化成一系列字节存储到文件中；而反序列化则恰恰相反，是指程序从文件中读取信息并用来重构上一次保存的对象。Python 的 pickle 模块实现了几乎任何对象的序列化和反序列化。

pickle 模块支持序列化的对象包括如下几种。

- 基本类型的变量：布尔型、整型、浮点型、复数型、字符串、字节数组等变量。
- 由基本类型组成的对象：列表、元组、字典和集合（这些对象还可以相互嵌套）。
- 其他对象：函数、类、类的实例。

上面所说的类和类的实例将在后续章节介绍。

pickle 模块最重要的两个函数是 dump() 和 load()。

（1）dump 将对象转换成字节流存入文件(序列化)。

```
dump(obj, file, [,protocol])
```

该函数将对象 obj 保存到文件 file 中去。参数 protocol 是序列化模式，默认值为 0，表示以文本的形式序列化。protocol 的值还可以是 1 或 2，表示以二进制的形式序列化。

（2）load 解析文件中的字节流(反序列化)。

```
load(file)
```

该函数从文件 file 中读取一个字符串，并将它重构为原来的 Python 对象。

显然，在 dump() 函数中文件至少是可写的，而在 load() 函数中文件至少是可读的。

【例 6-8】使用 pickle 模块实现序列化和反序列化。

【源程序】

```
import pickle
data1 = {'Jack': [32, 'male', 'Market'],
        'Susan': [28,'female', 'Adverting'],
        'Black': [50, 'male', 'Accounting'] }
List1 = [1, 2, 3]
List1.insert(0, List1)
#使用 pickle 模块序列化 Python 对象
output = open('data.pkl', 'wb')          # 打开文件
pickle.dump(data1, output)               # 将字典序列化，协议模式=0
pickle.dump(List1, output, -1)           # 用最高版本协议序列化列表
output.close()

#使用 pickle 模块从文件中重构 python 对象
```

```
pkl_file = open('data.pkl', 'rb')
data1 = pickle.load(pkl_file)              #重构字典
print(data1)
data2 = pickle.load(pkl_file)              #重构列表
print(data2)
pkl_file.close()
```

【运行结果】

```
{'Susan': [28, 'female', 'Adverting'], 'Jack': [32, 'male', 'Market'], 'Black': [50,
'male', 'Accounting']}
[[1, 2, 3], 1, 2, 3]
```

【程序分析】

本例分成两部分，前半部分使用 pickle 序列化 Python 对象，后半部分则利用 pickle 反序列化从文件中重构 Python 对象。语句 pickle.dump(List1, output, -1)的协议部分填入的数据为-1，表示使用本地计算机上最高版本协议序列化一个对象。这里序列化字典和列表对象时，分别使用了不同版本的协议，但这并不影响它们在反序列化时被正确地重构出来，因为 load()函数执行反序列化时可以自动选择正确的协议处理数据。

利用 pickle 模块产生的文件采用其专门的存储格式，其他模块一般不能处理。另外，序列化和反序列化过程一般是正好相反的，因此利用 pickle 编写的程序中，序列化的语句和反序列化的语句一般也是一一对应的。比如在本例中有两个序列化的语句，同时也有两个反序列化的语句。

序列化和反序列化可以不在一个程序中实现，甚至可能由不同人实现。可能读文件时并不知道序列化文件中有几个对象。如果反序列化的 load()函数执行次数多于文件中的对象数则会抛出 EOFError 异常错误。为避免这种错误可以使用类似下面的语句：

```
try:
    while True:
        data1 = pickle.load(pkl_file)      #重构对象
        <处理数据 data1>
except EOFError:
    pkl_file.close()                       #关闭文件
<继续执行其他语句>
```

上面的语句利用 try…except 语句捕捉 EOFError 异常，然后在 except 中关闭文件，并继续执行其他语句。

6.5　文件读写编程实例

6.5.1　读取 MP3 歌词文件

一般的 MP3 歌词文件是以 lrc 为后缀的文本文件，下面是一个典型的歌词文件的内容：

```
[ti:雪绒花]
[ar:少儿歌曲]
[00:12.53]雪绒花雪绒花
[00:20.60]清晨迎着我开放
[00:28.42]小而白洁而亮
```

```
[00:36.29]向我快乐地摇晃
[00:44.07]白雪般的花儿
[00:47.21]愿你芬芳
[00:51.93]永远开花生长
[00:59.75]雪绒花雪绒花
[01:07.63]永远祝福我家乡
```

文件的前面几行说明了歌曲的名称、类型等信息，后面是歌词正文。歌词被分成了若干句，以便于在播放器上同步显示，一般情况下每一行就是一句。每句歌词分成两部分，前一部分是形如"[分:秒]"的时间标签，它表示这一句歌词开始播放的时间，其中"秒"是精确到小数点后两位的一个数字。

MP3 播放软件能实现歌词同步显示的原理是：播放歌曲时不断检测已经播放的时间，当到了歌词中某一句时间标签设定的时间时，就显示这一句歌词。一般而言，播放软件播放音频是以毫秒为单位计时的，因此可以将歌词中的时间标签转换成毫秒，以便对比。

【例 6-9】读取 MP3 歌词文件，将时间标签转换成毫秒的形式，并将每一句的歌词读出来，按时间顺序以"时间(毫秒为单位)　歌词"的形式显示每一句。

【问题分析】本例一是要打开文件，然后按行读取内容，每读一行，检查读取的行是不是歌词内容，这可以通过检查下标是 1、2 的两个字符是不是数字来确定，如果是，再读取分、秒等数据，最后转换为毫秒。由于分、秒的位置是固定的，所以可以按位置读取这些信息。

【源程序】

```python
def readLRC(fileName):
    fp = open(fileName,'r')
    res = {}
    L = fp.readline()
    while L != '' :
        if(L[1:3].isdigit() and L[4:6].isdigit() \
            and L[7:9].isdigit() and L[3]==':' and L[6]=='.'):
            t1 = (int(L[1:3])*60+int(L[4:6]))*1000+int(L[7:9])*100
            res[t1] = L[10:].rstrip()                 #去除字符串右侧回车符
        L = fp.readline()
    return res
def main():
    fname = input("输入 MP3 歌词文件名: ")
    lrcDic = readLRC(fname)
    for key in sorted(lrcDic) :
        print( key, lrcDic[key] )
main()
```

【运行结果】

```
输入 MP3 歌词文件名: snow.lrc
17300 雪绒花雪绒花
26000 清晨迎着我开放
32200 小而白洁而亮
38900 向我快乐地摇晃
44700 白雪般的花儿
49100 愿你芬芳
60300 永远开花生长
```

```
66500 雪绒花雪绒花
73300 永远祝福我家乡
```

【程序分析】

本例用 readline() 函数每次读取一行放到列表 L 中。由于 MP3 歌词文件的时间标签格式固定，因此只要判定一行的第 L[1:3]、L[4:6]、L[7:9] 是数字，L[3] 是 ':' 且 L[6] 是 '.'，就可以知道该行是一句歌词，利用这个判断就可以跳过文件前几行的说明信息。字符串的函数 isdigit() 判断字符串是否为整数形式的字符串。另外，由于时间标签长度固定，因此 L[10:] 就是标签后面的歌词内容。本例将每一句的时间和歌词作为一项存储到字典中。而显示字典时，先对字典关键字（即时间）进行排序，而后逐项输出。

6.5.2　管理邮件地址薄

本节实现一个电子邮件地址簿的管理程序。地址簿的每一项包含姓名及其电子邮件两项内容，本程序实例可以显示、添加、删除、查找地址簿的内容。

这里基本的编程思路是，利用一个字典保存所有人的电子邮件信息，将姓名作为关键字，对应的电子邮件作为值。而显示、添加、删除、查找都是首先在字典对象上操作，而后将字典信息写入文件。利用 pickle 模块序列化及反序列化包含全部信息的字典对象。

【例 6-10】电子邮件地址簿的管理程序。

【源程序】

```python
import pickle,os  #导入模块
#以下方法中变量 address 为全局对象

def print_address():                         #输出地址簿
    print('通信录:      \n-------------------------')
    print('姓名\t电子邮件\n-------------------------')
    for i in address:
        print('%s\t%s'%(i,address[i]))
    print('\n')

def set_address(path):                       #存储地址簿
    with open(path,'wb') as f:
        pickle.dump(address,f,True)          #使用pickle来序列化存储对象

def get_address(path):                       #读取地址簿
    if not os.path.exists(path):
        return {}
    with open(path,'rb') as f:
        if len(f.readline()) <=0:
            return {}
        f.seek(0)                            #将文件指针定位到文件开头
        b = pickle.load(f)                   #反序列化重新构造对象
        return b

def option(path):                            #全部功能的控制函数
    op = int(input('选择操作(1-添加,2-删除,3-查找,4-退出):'))
    while op!=4:
```

```python
        if op == 1:
            name = input('输入新成员的姓名:')
            email= input('输入新成员的 Email:')
            address[name] = email
        elif op == 2:
            name = input('请输入要删除成员的姓名：')
            if name in address:
                del address[name]
            else:
                print('成员：'+name+'不在你的联系人表中。')
        elif op == 3:
            name = input('请输入要查找成员的姓名：')
            if name in address:
                print('找到 %s 成员，其信息如下：'%(name))
                print('name: %s, email: %s'%(name,address[name]))
            else:
                print('\n 成员 %s 不在你的联系人表中。\n'%(name))
        print_address()
        set_address(path)                      #重新存储
        op = int(input('操作(1-添加,2-删除,3-查找,4-退出):'))

def main():
    mailFile = 'E_mail.bin'
    global address
    address = get_address(mailFile)
    print_address()
    option(mailFile)
main()
```

【运行结果】

```
>>>
通信录:
------------------------
姓名  电子邮件
------------------------

选择操作(1-添加,2-删除,3-查找,4-退出):1
输入新成员的姓名:Tom
输入新成员的 Email:TomCat@2345.com
通信录:
------------------------
姓名  电子邮件
------------------------
Tom       TomCat@2345.com

操作(1-添加,2-删除,3-查找,4-退出):1
输入新成员的姓名:John
输入新成员的 Email:John@yahoo.com
通信录:
------------------------
```

```
姓名 电子邮件
------------------------
Tom        TomCat@2345.com
John John@yahoo.com

操作(1-添加,2-删除,3-查找,4-退出):3
请输入要查找成员的姓名：Tom
找到 Tom 成员，其信息如下：
name: Tom, email: TomCat@2345.com
通信录：
------------------------
姓名 电子邮件
------------------------
Tom        TomCat@2345.com
John John@yahoo.com

操作(1-添加,2-删除,3-查找,4-退出):2
请输入要删除成员的姓名：John
通信录：
------------------------
姓名 电子邮件
------------------------
Tom        TomCat@2345.com

操作(1-添加,2-删除,3-查找,4-退出):4
>>>
```

【程序分析】

本程序包含多个函数，功能如下。

print_address()函数——在屏幕上显示地址簿全部信息。

set_address()函数——序列化存储地址簿。

get_address()函数——反序列化读取地址簿。

option()函数——循环接收并处理用户命令。

main()函数——主函数，程序入口。

这里 get_address()函数只在程序启动后进入命令循环之前执行一次，其作用是将文件中的信息读出并重构地址簿字典对象，这里仅此一个对象需要重构。如果文件不存在或文件为空则返回一个空字典，若文件不为空则利用 pickle 反序列化得到字典对象并返回。

set_address()函数是利用 pickle 将字典对象序列化存储到文件中。如果文件不存在，这个函数将新建一个文件。get_address()和 set_address()函数都是用 with 语句打开文件，这样就省去了关闭文件的步骤。

option()函数是本程序的控制中心，它循环接收用户命令，根据命令编号分别执行不同的操作，其基本算法如下：

```
首次输入命令选项 op
当 op 不为 "退出" 则:                    # while 循环
    若 op 为 "添加"，则添加一项到字典
    若 op 为 "删除"，则从字典删除一项
```

　　　　若 op 为"查找"，则在字典中查找某项

显示信息　　　　　　　　　　　　　　　　　#调用 print_address()

重新存储　　　　　　　　　　　　　　　　　#调用 set_address()

再次输入命令选项 op

　　在 option()函数的每一次循环中都是先在字典上执行添加、删除、查找操作，而后再显示地址簿并重新存储字典对象。也就是说每次循环都执行 print_address()和 set_address()一次。

　　还需要特别注意的一点是，由于本程序中多个函数使用了字典，所以字典 address 对象被声明为全局对象以简化编程。

习　题　6

一、单选题

1. 打开已存在文本文件，在原来内容的末尾再添加信息，打开文件的合适方式应为（　　　）。

　　A. 'r'　　　　　　　　B. 'w'　　　　　　　　C. 'a'　　　　　　　　D. 'w+'

2. 下列（　　　）文件的打开方式，若文件不存在，则文件打开失败，程序会报错。

　　A. "r"　　　　　　　　B. "w"　　　　　　　　C. "a"　　　　　　　　D. "w+"

3. 下列语句打开的文件的位置应在（　　　）。

```
f = open("addrbook.txt", "r")
```

　　A. C 盘根目录（文件夹）下　　　　　　B. D 盘根目录下

　　C. Python 安装目录下　　　　　　　　D. 与源文件在相同的目录下

4. 若 f 为文本文件对象，则下列读取一行内容的语句是（　　　）。

　　A. f.read()　　　　　　　　　　　　B. f.read(200)

　　C. f.readline()　　　　　　　　　　D. f.readlines()

5. 若文本文件 a.txt 中的内容如下：

```
abcdef
123456
```

则下列程序的执行结果是(　　　)。

```
f=open("a.txt","r")
s=f.readline()
sl=list(s)
print(sl)
```

　　A. ['abcdef']　　　　　　　　　　　B. ['abcdef\n']

　　C. ['a', 'b', 'c', 'd', 'e', 'f']　　　D. 'a', 'b', 'c', 'd', 'e', 'f','\n']

二、编程题

1. 已知文本文件中存放若干数字，请编程读取所有数字，排序后输出。

2. 已知文本文件中含有英文单词和整数，编程读取文件内容，将英文单词和整数分别存入一个新文件。每个英文单词或整数都占据一行。

3. 读取一个文本文件（不超过 30 行），每一行前面加一个行号后在屏幕上输出。行号所占宽度为 4 个字符。

4. 读取一个 Python 源程序文件，去掉其中的空行和注释，然后写入另一个文件。

5. 打开一个英文的文本文件，将其中每个英文字母加密后写入一个新文件。加密方法是：将

A 变成 B，B 变成 C，……，将 Y 变成 Z，将 Z 变成 A；将 a 变成 b，b 变成 c，……，将 y 变成 z，将 z 变成 a；其他字符不变化。

6. 假设一个文件存储学生成绩，其格式如下：

```
张三     78    88    87
李四     92    80    77
……      ……    ……
```

请编程读取所有人三门课成绩，计算平均成绩后，将所有人姓名和平均成绩写入新文件。每个人的姓名和平均成绩占一行。

7. 已知两个文本文件 A 和 B。文件 A 存储姓名，每个名字一行；文件 B 存储每个人对应的电话，每个人的电话也是一行。已知电话的顺序和姓名的顺序正好相反。读取文件 A 和 B，将人名及其电话合成一行（以空格分开）后写入新文件

8. 假设要将下棋的信息（棋子颜色、横坐标、纵坐标）保存到二进制形式文件中，请用 struct 结构实现。棋子颜色可以是黑或白，坐标范围在 0 ~ 19 之间。尝试保存若干步骤，再用 struct 读出最后三步的数据显示出来。

9. 由屏幕输入一些学生信息，包括学号、姓名、性别、班级。用 pickle 方式保存，然后将所有人的信息读出来，按学号从小到大显示，一行显示一个人的信息。

10. 尝试修改例 6-10，用文本文件实现这个例子。

　　本章主要内容包括如何在 Python 语言中进行面向对象程序设计，怎样通过自定义数据类型设计出自己的类以及成员变量和函数，并直接使用自己所定义的类或使用类的对象变量对成员进行访问；本章还要介绍两个类之间如何实现继承，从而完成派生类对基类的改造；设计并使用类中的运算符重载函数是本章最后的任务。本章所涉及的概念包括类、字段、函数、方法、对象、继承、重载和多态等。

7.1　类　和　对　象

　　前面章节的程序编写都是以面向过程的程序设计方法为主，即数据与数据操作相互独立，数据操作常常通过函数或代码块来描述。面向对象思想则是现代程序设计和软件工程的重要思想，面向对象程序设计的主要方法是将数据与操作封装为一个称为类的混合整体，通过类进行数据的整体操作并且可以保证数据的完整性和一致性。因为 Python 是一种面向对象程序设计语言，所以程序员可以在 Python 程序中定义自己的新类型（即类），并在类中包含变量和相关函数的定义。类定义完成之后就可以像使用 int 或 double 基本数据类型定义变量那样来定义类的实例（即对象），并通过对象来访问类的各个成员，执行程序功能。总体来讲，类是一个集合，对象是这个集合之中的一个个体，一个类可以具有多个个体。比如作家就是一个类，而李白、鲁迅、莫言是作家类的三个对象；班级也是一个类，而机械 41、电气 49 是班级类的两个对象。再比如要完成对输入的两个实数进行四则运算，代码可以设计成如下格式：

```python
def add(x,y):                    #加法
    return x+y
def sub(x,y):                    #减法
    return x-y
def mul(x,y):                    #乘法
    return x*y
def div(x,y):                    #除法
    return x/y
x=float(input("x:"))
y=float(input("y:"))
print ("x+y=",add(x,y))
print ("x-y=",sub(x,y))
```

```python
print ("x*y=",mul(x,y))
print ("x/y=",div(x,y))
```

以上这段代码采用的是面向过程的程序设计方法，它先定义实数变量 x、y，然后将 x 与 y 的四则运算分别设计成独立的模块函数，然后进行调用。换一种思路，如果采用面向对象程序设计方法的话，则可以把它们封装在一起，形成一个算术四则运算的类：

```python
class ArithmeticOperation:
    def add(self): #加法
        return self.x+self.y
    def sub(self): #减法
        return self.x-self.y
    def mul(self): #乘法
        return self.x*self.y
    def div(self):  #除法
        return self.x/self.y

obj=ArithmeticOperation()
obj.x=float(input("x:"))
obj.y=float(input("y:"))
print ("x+y=",obj.add())
print ("x-y=",obj.sub())
print ("x*y=",obj.mul())
print ("x/y=",obj.div())
```

算术四则运算类的类名为 ArithmeticOperation，它将实数变量 x、y，以及 x 与 y 的四则运算进行了整体封装，然后通过 obj=ArithmeticOperation()这一句定义类的对象，并通过 obj.x 和 obj.y 使用其成员变量 x 和 y，使用 obj.add()、obj.sub()、obj.mul()和 obj.div()等函数分别进行加减乘除四则运算。

7.1.1　类的定义格式

类的一般定义格式如下：

```
class 类名:
    类体
    ......
```

其中,类的定义以 class 关键词开头,类名必须是合法的标识符而且与函数名的命名规则一致。类体由缩进的语句块组成,包括函数的定义（类中的函数称为方法或成员函数）和变量（类中的变量称为数据成员或成员变量）的赋值。

在 Python 中，类实际上是一类事物的描述。对事物的描述包括属性的描述和功能的描述。对属性的描述就是声明一系列的变量，对功能的描述就是定义一系列的函数。组成类的函数和变量统称它的成员。最简单的一个类的定义如下：

```
class MyClass:
    pass
```

这个类未预先定义任何成员，必须使用"pass"关键词来表明类虽然暂无成员，但却是完整的。

7.1.2　对象的定义与使用

对象的定义格式与一般变量的定义格式类似：

```
变量名=类名(参数)
```

其中，变量名位于等号的左侧，类名是已在之前定义好的类的名称，并根据类定义内容的不同，参数有所不同，参数也可以省略。

以上 MyClass 类的对象可以定义如下：

```
obj1=MyClass()
```

尽管这个类预先没有成员，但可以通过以下语句对 obj1 对象增加一个实例成员变量，并显示其值，用完后可以通过 del 操作符删除这个实例成员变量：

```
obj1.x=13579              #对象 obj1 增加成员 x
print(obj1.x)
del obj1.x                #删除对象 obj1 的成员 x
```

运行结果为：

```
13579
```

这里的 x 称为实例成员变量，只对 obj1 对象有效。比如，如果再定义 MyClass 类的另一个对象 obj2，则 obj2 不存在成员变量 x，即不能使用 obj2.x。

可以对以上的 MyClass 重新定义，在其中增加一个实例方法 set 和 show 分别设置和显示其实例成员变量 x 的值；然后定义其对象 obj 并调用这两个方法，代码设计如下：

```
class MyClass:
    def set(self,x):         #定义方法，self 表示对象自己，x 是传进来的参数
        self.x=x             #设置成员变量 x 的值
    def show(self):
        print(self.x)        #显示成员变量 x 的值
obj3=MyClass()
obj3.set(13579)
obj3.show()
```

其中，self 表示对象自己，就是当用这个类定义一个对象时，self 就是定义的那个对象自己；self.x 表示对象的成员变量，称为实例属性（以 self.开头），也称实例变量，就是类的每一个实例都包含该实例变量的一个单独副本。

上述程序的运行结果为：13579。

7.1.3　对象的构造方法

在对实例成员变量进行初始化时，常常在类中定义一个名为"__init__"（init 前后各两个下划线）的特殊的成员方法，来完成此项功能，把它称为类的构造方法。该方法至少包含一个 self 参数，代表类的隐式对象，还可以包含多个用于对实例成员变量进行赋值的其他参数。构造方法的格式如下：

```
def __init__(self,其他参数):
    语句块
    ......
```

当定义类的对象时会自动调用这个"__init__"方法。

【例 7-1】定义一个 Point 点类。它有两个实例成员变量 x 和 y，一个 __init__ 名字的方法对它们初始化，再定义一个 show 名字的方法，显示 x 和 y 的值，最后定义对象并调用 show 方法。

【源程序】

```
class Point:
    def __init__(self, x, y ):              #定义构造方法
```

```
            self.x=x                                #设置实例变量的值
            self.y=y
        def show(self):                             #定义 show 方法
            print("(%d,%d)"%(self.x,self.y))        #显示数据的值
    #类的定义结束
#主程序
p=Point(13,57)   #定义对象
p.show()
```

【运行结果】

```
(13,57)
```

注意，实例成员方法中必须通过"self."前缀来访问实例成员变量，如 self.x 和 self.y。主程序中定义对象时会自动调用__init__方法，其中的 13 和 57 两个数分别传递给参数 x 和 y。

7.1.4　对象的私有成员

在 Python 程序中定义的实例成员变量和方法的默认都具有公共的访问权限，类之外的任何代码都可以随意访问这些成员。不过，如果需要的话也可以通过在变量和方法名之前加上两个下划线"__"的前缀将其变为私有成员。类之外的任何代码都将无法访问私有成员。

【例 7-2】设计一个 Actor（演员）类，为它设计公共的 name 变量和私有的__age 变量，并通过构造方法对它们进行初始化。这里由于__age 变量无法在类外直接使用，因此又设计了修改和返回__age 变量值的方法 setAge 和 getAge，最后定义 Actor 的对象，修改和显示 name 和__age 变量的结果。

【源程序】

```
class Actor:
    def __init__(self,name,age):        #构造方法
        self.name=name                  #公共成员变量
        self.__age=age                  #私有成员变量
    def setAge(self,age):               #设置私有成员变量的值
        self.__age=age
    def getAge(self):                   #获得私有成员变量的值
        return self.__age
    #类的定义结束
#主程序
a=Actor("zhang",28)                     #定义对象
print(a.name,end=" ")
print(a.getAge())
a.name="wang"
a.setAge(26)
print(a.name,end=" ")
print(a.getAge())
```

【运行结果】

```
zhang 28
wang 26
```

除了使用私有变量之外，同样还可以在类中增加私有方法。比如可以在上面的 Actor 类中增加一个私有方法__zeroAge，将 age 的值清零。这个方法不能在类之外调用而仅供类内的其他方法来内部调用，代码如下：

```
def __zeroAge(self):
    self.__age=0
```

7.1.5　类成员与对象成员

有时需要在类中定义一些变量，使得对于类的任何对象来说这些变量都是统一的值，称为类的成员变量，此时只需在类中直接定义成员变量即可；也可以通过@classmethod 在类中定义类的成员方法。但请注意类的成员方法需要至少带一个名为 cls 的参数表示是类级的成员方法，其他参数任意，并且类的成员方法只能使用类级的成员而不能使用对象级的成员。使用时，不需要定义对象就可以通过类名直接访问成员。

【例 7-3】定义 People 类，有一个类级的成员变量 country，并通过类成员方法 getCountry 和 setCountry 显示和修改 country 的值。在构造方法中定义一个对象级的成员变量 name 以及获取 name 值的对象方法。

【源程序】

```
class People:
    country = 'china'                      #类变量

    @classmethod
    def getCountry(cls):                   #类方法
        return cls.country

    @classmethod
    def setCountry(cls,country):           #类方法
        cls.country = country

    def __init__(self,name):               #对象构造方法
        self.name=name                     #对象变量（也叫实例变量）
    def getName(self):                     #对象方法
        return self.name
    #类定义结束
#主程序
p = People('Zhang')                        #定义对象，自动调用构造方法，'zhang'传给 name
print(People.getCountry(),end=", ")        #显示类变量值
print(p.getName(),p.getCountry())          #显示对象变量值

People.setCountry('japan')                 #修改类变量值
print(People.getCountry(),end=", ")        #显示类变量值
print(p.getName(),p.getCountry())          #显示对象变量值

p.setCountry('America')                    #通过对象修改类变量值
print(People.getCountry(),end=", ")        #显示类变量值
print(p.getName(),p.getCountry())          #显示对象变量值
```

【运行结果】

```
china, Zhang china
japan, Zhang japan
America, Zhang America
```

从以上代码中可以看出，类的成员变量可以通过对象来访问，得到的结果是一致的。

7.1.6　静态方法

还有一种方法是仅仅把类作为一个名字空间或定义域来看待。它不与任何类成员和对象成员相依赖，这就是静态方法，一般以@staticmethod 开始。静态方法一般通过类名来访问，也可以通过对象实例来访问。比如可以在一个 A 类中定义两个数相加的静态方法，然后在主程序中调用，代码如下：

```
class A:                         #定义类
    @staticmethod                #定义静态方法
    def add(x,y):
        print("%d+%d=%d"%(x,y,x+y))

if __name__ == '__main__':
    a=A()
    a.add(1,2)                   #通过对象实例访问
    A.add(33,66)                 #通过类名访问
```

运行结果如下：

```
1+2=3
33+66=99
```

静态方法不对特定实例进行操作。在静态方法中访问对象实例会导致错误。

Python 中，每个模块都有一个名称，可以通过内置变量__name__获得，如：

```
>>> import math
>>>math. __name__
'math'
```

当一个模块被单独使用时，也就是说不是被 import 时，__name__的值为'__main__'。上例中

```
if __name__=='__main__'
```

意思是这段程序不被 import 时执行下面的代码，被 import 时，下面的代码是不执行的。

7.2　继　　承

本章前半部分已经介绍了如何定义和使用类。面向对象程序设计的第一个特征就是将现实问题抽象为一个个类的封装体，然后通过其成员来实现各个任务；面向对象的第二个特征是类的继承。通过继承可以更好地划分类的层次，也是代码重用的重要手段。例如，学生和教师首先都是公民，都具有公民的身份证、姓名、年龄和性别四个基本特性，在此基础上，学生增加了学号、班级和成绩等特性；教师增加了部门、薪水和级别等特性。此时，可以先将"公民"设计为一个类，称为基类或父类。在此基础上再分别设计学生类和教师类，它们可以继承公民类的特征，称为公民类的派生类或子类，从而达到学生类和教师类重用公民类代码的目的。

7.2.1　类的继承

类的继承格式如下：

```
class 派生类名(基类名1,基类名2,...):
    类体
```

其中，基类可以是一个，称为单继承，也可以是多个，称为多重继承。继承后，意味着派生类

（新产生的类）同时具有了基类的特征。定义派生类时，必须在构造方法中调用基类的构造方法。

【例 7-4】定义公民类，实例成员变量有身份证号、姓名、年龄和性别。定义公民类的派生类：学生类和教师类。学生类增加实例成员变量学号、班级和分数；教师类增加实例变量工号、系别和工资。编写主程序，定义类的对象，设置对象的实例属性，显示对象的信息。

【源程序】

```
class Citizen:                                              #公民类的定义
    def __init__(self,id,name,age,sex):
        self.id = id
        self.name = name
        self.age = age
        self.sex = sex

class Student(Citizen):                                     #定义学生类
    def __init__(self,id,name,age,sex,stdno,grade,score):   #派生类的构造方法
        super(Student, self).__init__(id,name,age,sex)      #调用基类的构造方法
        self.stdno = stdno
        self.grade = grade
        self.score = score

class Teacher(Citizen):                                     #定义教师类
    def __init__(self,id,name,age,sex,thno,dept,salary):
        super(Teacher, self).__init__(id,name,age,sex)      #调用基类的构造方法
        self.thno = thno
        self.dept = dept
        self.salary = salary
#主程序
if __name__=='__main__':
    c=Citizen('101','zhang',20,'female')
    print(c.id,c.name,c.age,c.sex)

    s=Student('102','wang',30,'male',1221,'computer12',630)
    print(s.id,s.name,s.age,s.sex,end=" ")
    print(s.stdno,s.grade,s.score)

    t=Teacher('103','li',36,'male',356,'eie',4500)
    print(t.id,t.name,t.age,t.sex,end=" ")
    print(t.thno,t.dept,t.salary)
```

【运行结果】

```
101 zhang 20 female
102 wang 30 male 1221 computer12 630
103 li 36 male 356 eie 4500
```

Student 类和 Teacher 类中的 super 是一个内置函数，super(Student, self)表示首先找到 Student 的父类 Citizen，然后将派生类 Student 类的隐式对象替换为基类 Citizen 的对象，super(Student, self).__init__()表示调用基类 Citizen 的构造方法。也可以把 super(Student, self).__init__(id,name, age,sex)改为 Citizen.__init__(self,id,name,age,sex)，效果一样。同样，Teacher 类中的构造方法写法与 Student 类类似。当有多个父类时，super 查找与后面调用的方法匹配的类的顺序可以通过派生类的__mro__属性获得，如 print(Teacher.__mro__)。

7.2.2　派生类和基类的同名方法

如果在派生类中设计与基类同名的成员方法，派生类中重定义的方法将覆盖从基类继承的方

法。在以上三个类中分别加入同名的 show 成员方法，重新编写后的代码如下。

【例 7-5】为例 7-4 的各个类增加 show 方法，显示本类的成员信息。

【源程序】

```python
class Citizen:
    def __init__(self,id,name,age,sex):
        self.id = id
        self.name = name
        self.age = age
        self.sex = sex
    def show(self):
        print(self.id,self.name,self.age,self.sex,end=" ")

class Student(Citizen):
    def __init__(self,id,name,age,sex,stdno,grade,score):
        super(Student, self).__init__(id,name,age,sex)    #调用基类的构造方法，
                                                          #并传递 self 参数
        self.stdno = stdno
        self.grade = grade
        self.score = score
    def show(self):                                       #覆盖基类方法 show()
        super(Student, self).show()
        print(self.stdno,self.grade,self.score,end=" ")

class Teacher(Citizen):
    def __init__(self,id,name,age,sex,thno,dept,salary):
        super(Teacher, self).__init__(id,name,age,sex)    #调用基类的构造方法，
                                                          #并传递 self 参数
        self.thno = thno
        self.dept = dept
        self.salary = salary
    def show(self):                                       #覆盖基类方法 show()
        super(Teacher, self).show()
        print(self.thno,self.dept,self.salary,end=" ")

if __name__=='__main__':
    c=Citizen('101','zhang',20,'female')
    s=Student('102','wang',30,'male',1221,'computer12',630)
    t=Teacher('103','li',36,'male',356,'eie',4500)
    for member in [c,s,t]:
        member.show()    #对象
        print()
```

【运行结果】

```
101 zhang 20 female
102 wang 30 male 1221 computer12 630
103 li 36 male 356 eie 4500
```

7.3　运算符的重载

在程序中，使用运算符来完成基本数值之间的计算，简单方便。但是对于类的对象就无法直接使用仅适合于普通数值的运算符了。Python 允许程序员重新定义运算符号的功能，称为运算符的重载。Python 语言用特殊的方法标识符来代替指定的运算符，重新定义这些方法的运算规则，就是重新定义了相应运算符的运算规则。定义时与普通方法没什么两样，使用时像普通数值运算

符一样直接引用。

最常用的运算符与特殊方法名对照表如表 7-1 所示。

表 7-1　　　　　　　　　　　　　运算符与特殊方法名对照表

二元运算符	特 殊 方 法	含　　义
+	__add__,__radd__	加
-	__sub__,__rsub__	减
*	__mul__,__rmul__	乘
/	__div__,__rdiv__,__truediv__,__rtruediv__	除
**	__pow__,__rpow__	乘方
+=	__iaddr__	加赋值
-=	__isub__	减赋值
*=	__imul__	乘赋值
/=	__idiv__,__itruediv__	除赋值
**=	__ipow__	乘方赋值
==	__eq__	等于
!=,<>	__ne__	不等于
>	__gt__	大于
<	__lt__	小于
>=	__ge__	大于等于
<=	__le__	小于等于

【例 7-6】定义一个复数类，包括实部和虚部实例成员变量、构造方法、以及两个复数的加法、乘法和比较大小的运算符。

【源程序】

```
class Complex:                            #定义复数类
    def __init__(self, r,i):              #构造方法
        self.real = r                     #实部
        self.imag = i                     #虚部

    def __add__(self, c):                 #重载加运算
        return Complex(self.real + c.real, self.imag + c.imag)
    def __mul__(self, c):                 #重载乘运算
        return Complex(self.real * c.real- self.imag * c.imag,self.real * c.imag+
self.imag * c.real)
    def __gt__(self, c):                  #重载比较运算>
        if self.real>c.real:
            return True
        elif
            self.real<c.real:
            return False
        elif
            self.imag>c.imag:
            return True
        else:
            return False
    def show(self):                       #显示复数
```

```
                print(self.real,"+",self.imag, "j")
        #主函数
        c1 = Complex(3,4)
        c2 = Complex(6,-7)
         (c1 + c2).show()                    #使用重载的加运算
         (c1 * c2).show()                    #使用重载的乘运算
        print(c1 > c2)                       #使用重载的比较运算
```

【运行结果】
```
9 + -3 j
46 + 3 j
False
```

7.4　模　块　与　类

　　随着类的概念的出现，一个程序可能会出现许多类，如果把这些类全部放在一个模块文件之中，不利于代码的维护，这时候建议在每个模块文件中仅放一个类或少量的类，主模块也是一个单独的文件。这样可以通过以下格式引入这个类来使用。

```
import 模块名              #如果是多个模块，模块名间用逗号隔开
```
或
```
from 模块名 import 类名
```
比如：a.py 中定义了 A 类，b.py 中定义了 B 类，则在 C 类中使用 A 和 B 类时首先写上以下代码即可：
```
import a
```
或
```
from a import A
import b
```
或
```
from b import B
```
Python 模块是.py 文件，如果多个模块文件位于一个文件中，只要该文件夹中包含一个特殊文件：__init__.py，这个文件夹可以称为一个包。特殊文件__init__.py 可以为空，也可以包含代码。当导入包或该包中的模块时，执行__init__.py 文件。包还可以有子包，没有层次限制。引入不同包的模块时，需要带上包名。例如：
```
import package1.a
```
或
```
from package1 import a
```
或
```
from package1.a import A
```
其中 package1 是包名，对应文件夹名称，a 是模块文件名，A 是其中的一个类。包应放在当前目录下或安装目录中的 Lib 子目录中。

7.5　本　章　实　例

【例 7-7】设计一个日期类，它包括年、月、日三个实例成员变量，其中年设计为私有的，并

编写构造方法、年月日值的显示方法以及修改年值的方法，最后编写主模块定义其对象，赋值为当前日期，对对象的值进行修改并显示对象的结果。

【问题分析】日期类命名为 Date，在构造方法__init__中对年月日成员变量分别命名为__year（私有）、month 和 day，然后将显示方法命名为 show，修改年值的方法命名为 setYear。

【源程序】

```python
import datetime                           #导入日期时间模块
class Date:                               #日期类
    def __init__(self,y,m,d):             # 构造方法
        self.__year=y                     # 私有年变量
        self.month=m                      # 月变量
        self.day=d                        # 日变量
    def show(self):                       # 显示方法
        print("%d年%d月%d日"%(self.__year,self.month,self.day))
    def setYear(self,y):                  # 修改年方法
        self.__year=y
if __name__=='__main__':                  # 主模块
    date=Date(2015,3,30)                  # 日期类的对象
    date.show()                           # 调用显示方法
    date.setYear(2016)                    #  修改年
    date.show()
    today = datetime.datetime.now()       #获取系统当前时间
    year=today.year                       #获得年
    month=today.month                     #获得月
    day=today.day                         #获得日
    date2=Date(year,month,day)            #定义新对象
    date2.show()                          #显示日期
```

【运行结果】

```
2015 年 3 月 30 日
2016 年 3 月 30 日
2016 年 3 月 25 日
```

【扩展思考】如果把年月日成员变量都设为私有的，该如何修改这个类？

【例 7-8】编写一个圆类，它包括表示半径的变量、构造方法、修改半径的方法、显示半径的方法以及计算圆面积的方法；然后继承圆类再编写一个圆柱体派生类，它包括表示高度的变量、构造方法、修改半径和高度的方法、显示半径和高度的方法以及计算圆柱体体积的方法。最后编写主模块定义这两个类的对象，并进行适当的赋值，对对象的值进行修改并显示对象的结果。

【问题分析】圆类命名为 Circle，在构造方法__init__中将半径成员变量命名为 r，并对半径赋值；将修改半径的方法命名为 set，并对半径赋值；显示方法命名为 show，计算圆面积的方法命名为 area。圆柱体类命名为 Cylinder，它继承圆类，在构造方法__init__中将高度成员变量命名为 h，并对基类的半径和自身的高度依次赋值，然后将修改半径和高度的方法命名为 set，并对基类的半径和自身的高度依次赋值，显示方法命名为 show，并对基类的半径和自身的高度依次显示，计算圆柱体体积的方法命名为 volume，在调用基类的计算面积方法的基础上进一步计算体积。

【源程序】

```python
import math
class Circle:                            # 圆类
    def __init__(self,r):                # 构造方法
        self.r=r                         # 半径变量
    def show(self):                      # 显示半径方法
        print("半径=%8.2f"%self.r)
    def set(self,r):                     # 修改半径方法
        self.r=r
    def area(self):                      # 计算面积方法
        return math.pi*self.r*self.r

class Cylinder(Circle):                  # 圆柱体类
    def __init__(self,r,h):              # 构造方法
        Circle.__init__(self,r)          # 调用基类构造方法
        self.h=h                         # 高度变量
    def show(self):                      # 显示半径和高度方法
        Circle.show(self)                # 调用基类显示方法
        print("高度=%8.2f"%self.h)
    def set(self,r,h):                   # 修改半径和高度方法
        Circle.set(self,r)               # 调用基类修改方法
        self.h=h
    def volume(self):                    # 计算体积方法
        return Circle.area(self)*self.h      # 调用基类计算面积方法

if __name__=='__main__':                 # 主模块
    c=Circle(234)                        # 圆类的对象
    c.show()                             # 调用显示方法
    c.set(2016)                          #  修改半径
    c.show()
    print("面积=%.2f"%c.area())

    cy=Cylinder(1026,85)                 # 圆柱体的对象
    cy.show()                            # 调用显示方法
    cy.set(2016,145)                     #  修改半径和高度
    cy.show()                            # 调用显示方法
    print("体积=%.2f"%cy.volume())
```

【运行结果】

```
半径=  234.00
半径= 2016.00
面积=12768236.79
半径= 1026.00
高度=   85.00
半径= 2016.00
高度=  145.00
体积=1851394334.83
```

【扩展思考】如何对圆类和圆柱体类各自增加计算周长的方法？

【例 7-9】编写一个有理数类，它包括表示分子和分母的变量、构造方法、计算两个分数的加法的重载方法以及显示分子分母的方法，最后编写主模块定义类的两个对象，并进行适当的赋值，使用加法运算符计算量分数对象的和，并显示结果。

【问题分析】有理数类命名为 Rational，在构造方法 __init__ 中对分子和分母变量分别命名为 a 和 b，并对它们进行赋值；显示方法命名为 show，显示分子和分母变量的值，增加加法运算符重载方法，命名为 __add__。

【源程序】

```python
class Rational:                        #有理数类
    def __init__(self,a,b):            # 构造方法
        self.a=a                       # 分子变量
        self.b=b                       # 分母变量
    def show(self):                    # 显示方法
        print("%d/%d"%(self.a,self.b))
    def __add__(self,r):               # 加运算符重载方法
        return  Rational(self.a*r.b+self.b*r.a,self.b*r.b)


if __name__=='__main__':               # 主模块
    r1=Rational(2,3)                   # 有理数类的对象
    print("r1=",end="")
    r1.show()                          # 调用显示方法

    r2=Rational(5,7)
    print("r2=",end="")
    r2.show()

    r3=r1+r2                           # 有理数对象加法
    print("r1+r2=",end="")
    r3.show()
```

【运行结果】

```
r1=2/3
r2=5/7
r1+r2=29/21
```

【扩展思考】如何对有理数的减法、乘法和除法进行运算符重载？

习　题　7

一、选择题

1. 面向对象程序设计的三个特征是（　　　）。

    A. 封装　　　　　　　B. 继承　　　　　　　C. 多态　　　　　　　D. 以上都是

2. 对象构造方法的作用是（　　　）。

    A. 一般成员方法　　　　　　　　　　B. 类的初始化

    C. 对象的初始化　　　　　　　　　　D. 对象的建立

3. 面向对象程序设计中的私有数据是指（　　　　）。

    A. 访问数据时必须输入保密口令　　　　　　B. 数据经过加密处理

    C. 数据为只读　　　　　　　　　　　　　　D. 外部对数据不可访问

4. 以下 C 类继承 A 和 B 类的格式（　　　）是正确的。

    A. class C:A,B　　　　B. class C:A B　　　　C.class C(A,B):　　　　D. def class C(A,B):

5. 类中名称开始带有两个下划线的方法一定是（　　　　）。

    A. 静态方法　　　　　　B. 私有方法　　　　　　C. 系统方法　　　　　　D. 类成员方法

二、编程题

1. 定义一个圆类，具有圆心位置、半径、颜色等属性，编写构造方法和其他成员函数，能够设置属性值，获取属性值，计算周长和面积。编写程序验证类的功能。

2. 编写一个地址类，具有姓名、电话、邮件地址、类别等属性，其中类别指：家人、同学、同事、朋友、老师、其他等。编写构造方法和其他成员函数，能够设置属性值，获取属性值。编写程序验证类的功能。

3. 设计一个课程类，包括课程编号、课程名称、任课教师、上课地点等成员，其中上课地点变量设计为私有的，增加构造方法以及显示课程信息的方法，最后在主模块中定义类的对象，测试所设计的方法并显示最后结果。

4. 首先设计一个颜色类作为基类，包括红、绿、蓝三原色成员变量，并添加构造方法、显示三原色值的方法以及修改红色值的方法；接着设计一个颜色类的派生类叫彩虹类，它在颜色类的基础上再增加四种颜色，即橙、黄、青、紫，也添加构造方法，显示方法以及修改紫色值的方法，最后在主模块中定义这两个类的对象，测试所设计的方法并显示最后结果。

5. 设计一个时间类，它包括 24 小时制的时、分、秒三个成员变量，并编写构造方法和时分秒值的显示方法，进一步使用加号运算符重载编写对秒数进行增加的方法，最后编写主模块定义其对象，赋值为当前时间，对对象的值进行增加秒数的计算，并显示对象的结果。

6. 编写有理数类，在【例 7-9】基础上实现有理数的减法、乘法、除法和相等运算符的重载。

7. 编写一个表示平面向量的类，成员变量是两个分量，编写构造方法，编写计算向量模的方法，编写显示向量坐标的方法，重载加、减运算符实现向量的加和减运算。

第8章
图形界面程序设计

Python 不仅具有高效的计算程序设计功能，还可以容易地编写图形用户界面（Graphical User Interface，GUI）程序。Python 常用的图形用户界面工具有 Tkinter、wxPython、Jython、IronPython 等。Python 还自带一个简单快捷的绘图模块 turtle(海龟作图)。限于篇幅，本章只介绍 Python 配备的标准 GUI 库 Tkinter。

8.1　tkinter 入门

Tkinter 是 Python 的一个 GUI 模块。Python 自带的 IDLE 编辑环境就是用它编写的。Tkinter 的基本用法如下。

1. 导入 tkinter 模块

使用 Tkinter，需要导入 Tkinter 模块。导入方法是：

```
import tkinter
```

或：

```
from tkinter import *
```

为了简化书写，也常常写为：

```
import Tkinter as Tk
```

2. 创建根窗口

图形用户界面程序一般包括一个顶层窗口（也称根窗口或主窗口），使用 Tk 类的构造函数创建。

```
from tkinter import *
root=Tk()
```

3. 创建组件

窗口中可以包含各种可视化组件（有时也称为部件），如文本框、按钮、标签等。可以通过相应的类创建并设置其属性，例如：

```
bt1=Button(root)              #创建按钮组件bt1 作为root 的子组件
bt1["text"]="Create"          #设置按钮上的文本为“Create”
```

4. 显示组件

创建的组件，并不可见，直到使用了 pack()、grid()或 place()方法。这些方法可以同时设置组件的布局方式，例如：

```
bt1.pack()
```

5. 事件处理

用户在窗口中进行操作会引发事件，如单击、双击、拖动、按键等。将事件和处理程序绑定，那么当事件发生时，就会执行绑定的程序，从而处理用户的操作。

6. 进入事件循环

进入事件循环，系统会不断响应用户的操作，直到窗口关闭。进入事件循环，使用 mainloop() 方法。

```
root.mainloop()
```

7. 框架

框架（Frame）是 Tkinter 的组件之一，表示屏幕上的一块区域。框架一般作为容器，可以放置其他组件。一个窗口中可以有多个框架组件，一个框架可以容纳多个其他组件，通过布局，可以实现布局复杂的窗体。创建框架，使用：

```
myframe=Frame(parent,option)
```

其中 parent 为父窗口，option 为选项。

【例 8-1】在窗口中显示 "Hello World"。

【源程序】

```
from tkinter import *                       #导入 tkinter 库
root = Tk()                                 #创建根窗口
w = Label(root, text="Hello, world!")       #创建标签
w.pack()                                    #显示标签
root.mainloop()                             #进入事件循环
```

【运行结果】运行结果如图 8-1 所示。

【程序分析】

图 8-1　例 8-1 的运行结果

第 1 行，导入 tkinter 模块。

第 2 行，创建窗口部件 root。每个程序只能创建一个根窗口部件，且在其他部件之前。

第 3 行，创建标签部件，是根窗口的子部件。标签部件可以显示文本、图标或图像。本例中使用 text 选项指定了显示的文本 "Hello，　world"。

第 4 行，调用标签部件的 pack 方法，使标签大小适合给定的文本并使其可见。

最后一行，使窗口可见，进入事件循环，直到关闭窗口。

8. tkinter 的主窗口属性

tkinter 通过无参构造函数创建主窗口，通过 title 方法可以设置窗口标题，可以通过 Tk 类的 keys()方法获得其属性字典。通过字典键设置其他属性。例如：

```
from tkinter import *
root=Tk()
root.title("Hello World")                   #设置窗口标题
root['width']=400                           #设置窗口宽度
root['height']=200                          #设置窗口高度
print(root.keys())                          #显示窗口的属性字典
```

还可以通过 geometry()方法获得或设置主窗口的尺寸和位置，参数格式是：

```
geometry('宽度 x 高度 ± 横向偏移量 ± 纵向偏移量')
```

其中当偏移量为正时，是距屏幕左边和上边的距离，偏移量为负值时，是距屏幕右边和下边的距

离。例如：

```
from tkinter import *
root=Tk()
root.geometry ((('600x200+200+100')))
root.mainloop()
```

8.2　几何布局管理器

几何布局管理器用于组织组件在父窗口中的布局方式，有三种不同的布局方法：pack，grid 和 place。

8.2.1　pack 几何布局管理器

pack 几何布局管理器按组件的创建顺序组织成行或列，将它们添加到父组件中。常用的属性是 side，用于设置排列方式，取值为'top'，'bottom'，'left'，'right'。

【例 8-2】从右向左布局按钮。

【源程序】

```
from tkinter import *
root=Tk()
bt1=Button(text="button1")          #按钮 1
bt1.pack(side='right')              #显示按钮 1，靠右
bt2=Button(text="button2")          #按钮 2
bt2.pack(side='top')               #显示按钮 2，靠上
root.mainloop()
```

【运行结果】

运行结果如图 8-2 所示。

通常，布局方式是由第 1 个组件的布局方式决定的。如果是 side='top'，则组件从上到下排列，如果是 side='left',则组件从左向右排列，如果是 bottom，则组件从下向上排列。

如果布局较复杂的版面，则可以先在窗口中放置若干 frame，然后在 frame 中放置其他组件。

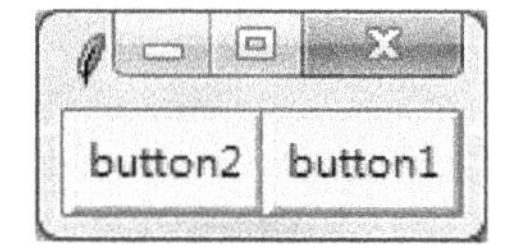

图 8-2　从右向左排列的按钮

【例 8-3】使用框架和 pack 布局版面。

【源程序】

```
from tkinter import *
root=Tk()
f1=Frame();f1.pack()               #创建三个框架
f2=Frame();f2.pack()
f3=Frame();f3.pack()


bt1=Button(f1,text="button1")       #第 1 个框架中放两个按钮
bt1.pack(side='right')
bt2=Button(f1,text="button2")
bt2.pack()

l1=Label(f2,text="请输入")          #第 2 个框架中放一个标签和一个文本框
```

```
l1.pack(side=LEFT)
e1=Entry(f2)
e1.pack()

bt3=Button(f3,text="button3")          #第 3 个框架中放两个按钮
bt3.pack(side='left')
bt4=Button(f3,text="button4")
bt4.pack()
root.mainloop()
```

【运行结果】

运行结果如图 8-3 所示。

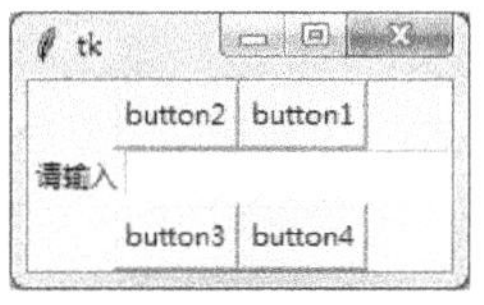

图 8-3　使用框架布局窗口

8.2.2　grid 几何布局管理器

grid 采用表格结构组织组件，子组件放置在二维表格的单元格中。子组件可以跨行、跨列。使用 grid 集合布局管理器需要做个设计，如图 8-4 所示的布局：版面有 2 列、4 行，第 0 行的内容为标题，占两列位置，下面分两块，左边是纵向三个文本，占第 1，2，3 行的第 0 列，右边是一个按钮，位置第 1 行、第 1 列，跨三行。

【例 8-4】使用 grid 布局版面。

【源程序】

```
from tkinter import *
root=Tk()
l1=Label(text="加法计算器") #
l1.grid(row=0,column=0,columnspan=2)

e1=Entry()
e1.grid(row=1,column=0)
e2=Entry()
e2.grid(row=2,column=0)
e3=Entry()
e3.grid(row=3,column=0)

bt1=Button(text="run",width=20,height=2)
bt1.grid(row=1,column=1,columnspan=1,rowspan=3,sticky='e')
root.mainloop()
```

【运行结果】

运行结果如图 8-4 所示。

图 8-4　使用 grid 的窗口

8.2.3　place 几何布局管理器

place 几何布局管理器允许指定组件的绝对位置和相对位置。使用的属性如下。

- x、y，位置的绝对坐标，单位为像素。
- relx、rely，相对于窗口宽度和高度的位置，取值范围为[0,1.0]。relx=0，rely=0 时，位置为左上角，relx=0.5，rely=0.5 时，位置为屏幕中心。
- anchor，对齐方式，即以设定的位置为某个方位。如 anchor=CENTER，则以设定的位置为中心。

【例 8-5】使用 place 布局版面。

【源程序】

```
from tkinter import *
root=Tk()
pane = Frame(root,width=400,height=200)              #设定框架大小
pane.pack()
Label(pane, text="Pane Title").place(x=10,y=10)      #绝对位置
b = Button(pane, text="Enter",width=50, height=5)
b.place(relx=0.5, rely=0.5,anchor=CENTER)            #相对位置，Button 中心在 0.5,0.5 处
root.mainloop()
```

【运行结果】

运行结果如图 8-5 所示。

图 8-5　Place 布局的版面

8.3　事件处理

事件实际就是操作计算机的一些动作，如鼠标单击、双击、移动、拖动、选择菜单、敲击键盘等。事件的发生表示用户希望完成某项功能，这时，计算机就会执行相应的程序完成相应的功能，这就是事件处理。处理事件对应的程序称为事件处理程序，也称为回调函数。

8.3.1　事件和事件对象

1. tkinter 的事件

tkinter 使用置于尖括号中的一串字符表示事件，格式如下：

```
<[modifier-] type [-detail]>
```

其中，type 是主要的部分，它表明了事件类别，如 Button 鼠标按下事件、KeyPress 键盘事件、Enter 进入事件等。modifier 和 detail 提供附加信息，可以没有。例如：

<Button-1> 表示鼠标左键按下，数字改为 2、3 表示中键、右键按住。Button 可以替换为 ButtonPress ，或只写数字如<1>，功能相同。鼠标位置传给回调函数。

<B1-Motion>拖动鼠标。B2 是按住中键拖动，B3 是按住右键拖动。鼠标位置传给回调函数。

<Double-Button-1>双击鼠标。如果改为 Triple，那就是三击。

<ButtonRelease-n>　鼠标按钮 n 被松开。

<Enter>鼠标指针进入组件。

<Leave>鼠标指针离开组件。

<FocusIn>获得焦点。

<FocusOut>失去焦点。

<Return>按下回车键。

其他特殊的键还有：Cancel（取消键），BackSpace，Tab，Shift_L (Shift 键), Control_L (Control 键), Alt_L(Alt 键), Pause, Caps_Lock, Escape, Prior (PageUp), Next(PageDown), End, Home, Left, Up, Right, Down, Print, Insert,Delete, F1, F2, F3, F4, F5, F6, F7, F8, F9, F10, F11, F12,Num_Lock，Scroll_Lock 等。

<Key>按下任何键。按键在事件对象的 char 成员中传给回调函数。

<a> 或<KeyPress-a>用户单击字符'a'，按键在事件对象的 char 成员中传给回调函数。可打印字符敲击事件都可以这样使用。例外是空格键（<space>）和小于号键（<less>）。注意<1>是鼠标事件。

<KeyRelease-key>键 key 被松开。

<Control-key>在按住 Control 键的同时，按下 key 键。Control 可替换为 Alt、Shift、Control-Alt 等。

<Shift-Up>Shift+上箭头键，前缀可以改为 Alt、Control 等。

2. 事件对象及属性

事件对象是一个标准 Python 对象实例。事件产生时传给事件处理函数。它有一系列属性。

widget，产生事件的组件。

x，y，当前鼠标相对于组件对象左上角的位置，单位为像素。

x_root，y_root，当前鼠标相对于屏幕左上角的位置，单位为像素。

char，键盘事件的码，字符串（仅键盘事件）。

keysyn，键符（仅键盘事件）。

keycode，键码（仅键盘事件）。

num，按钮号（鼠标按钮事件）。

width、height，组件的新大小，单位为像素（配置事件）。

type，事件类型。

8.3.2　事件绑定和事件处理

1. 事件绑定

将事件和组件关联起来称为绑定。为组件实例绑定事件，当事件在组件上发生时，转到事件处理函数进行处理。格式是：

```
widget.bind(event, handler, add='')
```

其中，widget 是组件对象，event 是事件描述，handler 是事件处理函数，add 缺省为空，表示事件处理函数代替其他绑定；如果为'+'，表示加入事件处理队列。

2. 事件处理

事件处理可以定义为一个函数，也可以定义为对象的方法。两者都带一个参数 event，以获得事件的属性。基本格式是：

```
def HandlerName(event):                     #事件处理定义为函数
    函数体
```

```
def HandlerName(self,event):                #事件处理定义为方法
    方法体
```

【例 8-6】创建两个文本框，一个按钮。第 1 个文本框绑定任意键事件，敲击键盘任意可显示字符，在交互窗口中显示该字符；第 2 个文本框绑定<a>键事件，敲击键盘 a 字符，在交互窗口中显示 10 个'a'字符；按钮绑定鼠标单击事件，显示单击鼠标的位置。

【源程序】

```python
from tkinter import *
def h1(event):                          #鼠标单击事件处理
    print(event.x,event.y)
def h2(event):                          #第1个文本框键盘处理
    print(event.char)
def h3(event):                          #第2个文本框a键处理
  for i in range (10):
        print(event.char, end='')
  print()
root=Tk()                               #根窗口
e1=Entry(root)                          #第1个文本框
e1.bind( "<Key>" , h2)                  #绑定<key>事件，处理函数h2
e1.pack()                               #
e2=Entry(root)                          #第2个文本框
e2.bind( "<a>" , h3)                    #绑定<a>事件，处理函数h3
e2.pack()                               #
b1=Button(root,text="ok",width=15)      #按钮
b1.bind( "<Button-1>" , h1)             #绑定鼠标左键，处理函数h1
b1.pack()                               #

root.mainloop()
```

【运行结果】

窗口界面如图 8-6 所示，其中右边是在交互窗口看到的输出，鼠标单击显示的坐标是相对于按钮左上角的。

除将事件绑定到组件实例上外，还可以将事件绑定到类上，这样这个类的任何一个实例触发事件都可以执行事件处理函数。还可以将事件绑定到窗口中的所有组件上，任何组件触发事件都可以进行处理。

图 8-6　事件的绑定与处理

```python
widget.bind_class("Widget",event, handler, add='') #类绑定
```

其中 Widget 为组件类。

```python
widget.bind_all(event, handler, add='') #绑所有组件
```

8.4　组件的使用

8.4.1　组件的创建和属性设置

1. 创建组件

使用组件类的构造函数创建组件并设置属性。格式为

```
widgetclass(master, option=value, …)
```

返回组件。以 master 作父窗口，使用给定的选项创建组件类的一个实例。所有的选项都有缺省值，所以最简单的情形是只指定父窗口，甚至父窗口也可以省略，Tkinter 使用最近的根窗口作为父窗口。text 选项常常是唯一需要设置的选项。例如：

```
bt1=Button(root,text="OK",width=10,height=2)      #在父组件 root 中创建按钮组件
```

2. 设置和获取组件的属性

控制组件的外观，需要设置相关属性值。典型的属性包括文本、颜色、尺寸、命令回调等。下列方法之一可以设置属性值。

```
widgetclass(master, option=value, …)          #创建时设置属性
widget.config(option=value, …)                #使用组件的 config 或 configure 方法
widget.configure(option=value, …)
widget["option"] = value                      #使用组件对象的字典属性
```

另外使用组件的下列方法可以获得组件的属性字典和属性值。

```
widget.keys()                                 #获得属性字典
value = widget["option"]                      #获得属性值字符串
value=widget.cget("option")                   #获得属性值字符串
```

例如：

```
from tkinter import *
root=Tk()                                     #创建根窗口
b1=Button(root,text="ok")                     #创建按钮组件
b1.config(width=10)                           #设置 width 属性
b1["height"]=2                                #设置 height 属性
b1.pack()                                     #显示按钮
print(b1.cget("width"),b1["height"])          #显示属性值
root.mainloop()
```

当属性名称和 Python 的关键字相同时，后面加下划线，如 class_，from_。

3. 常用的组件属性

标准组件常用的属性包括大小、颜色、字体、比例等。

（1）坐标系

每个组件都有一个坐标系，坐标原点在组件的左上角，向右为 x 轴正向，向下为 y 轴正向，单位为像素。

（2）宽度和高度

默认情况下，组件的大小由内容决定。可以通过 width 和 height 设置组件的宽度和高度，单位为字符。

（3）颜色

很多组件可以使用 background(或 bg)和 foreground(或 fg)选项设置组件和文本的颜色。指定颜色可以使用颜色名和 RGB 三原色分量。

颜色名：Tkinter 包含一个颜色数据库，将颜色名映射到对应的 RGB 颜色值。颜色名有 white，black，red，green，blue，cyan，yellow，magenta，LightBlue 等。

RGB 4 位颜色："#rgb"，r，g，b 分别是一个 1 位的十六进制数，代表红、绿、蓝颜色分量，如"#FFF"为白色。

RGB 8 位颜色："#RRGGBB"，RR，GG，BB 分别是一个两位的十六进制数，代表红、绿、蓝颜色分量。

RGB12 位颜色："#RRRGGGBBB"，RRR，GGG，BBB 分别是一个三位的十六进制数。

例如：

```
Label(root,text="name", bg='blue',fg='#FFFFFF').pack()
```

（4）字体

使用一个三元组设置属性 font 的值以改变组件的字体。三元组的格式为

```
("font name", size,"modifier")
```

分别为字体名字符串，大小（单位为 point）和修饰符。修饰符包括 bold、italic、underline 和 overstrike 等。多个修饰符之间用空格隔开。例如：

```
Label(root,text="name", font=('arial black', \
     12,'italic underline')).pack()
```

（5）停靠位置

anchor 属性设置组件的停靠位置。即所在区域的方位，包括东西南北等。方位及对应的常量如图 8-7 所示。缺省取值为 CENTER。例如：

```
Button (root,text="确定", anchor=W).pack()
```

（6）光标

cursor 属性设置鼠标经过组件时光标的形状，取值为"arrow""question_arrow"和"watch"等。

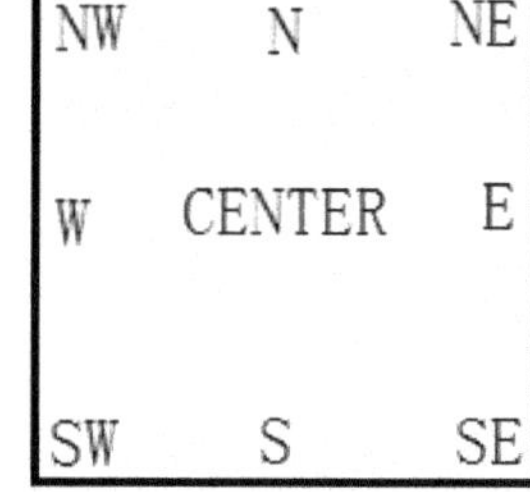

图 8-7　停靠位置方位图

（7）显示文本

text 属性设置显示内容。可以通过 wraplength 选项设置行长度，justify 属性设置多行对齐方式，如 LEFT、CENTER（默认值）、RIGHT 等。

（8）位图

bitmap 属性设置显示的位图。内置位图包括"error""gray75""gray50""gray12""hourglass""info""questhead""question"和"warning"等。对应的图形如图 8-8 所示。

图 8-8　内置位图

（9）图像

image 属性设置显示的图像对象。图像对象使用 BitmapImage 或 PhotoImage 类创建。

```
BitmapImage ( file=filename[, background=b][, foreground=c] )      #.xbm 格式
PhotoImage ( file=filename )                                       # .gif, .pgm 和ppm格式
```

其中，filename 为文件名字符串，background 设置背景，默认为白色；foreground 设置前景，默认为黑色。例如：

```
root=Tk()
img01=PhotoImage(file="c:\\2013data\\02.gif")      #创建图像对象
Label(root,text="name", image=img01).pack()        #lable 中显示图像
```

添加 compound 属性，可以同时显示文本和图像，compound 的取值为 "left" "right" "top" "bottom" 或 "center" 等。

（10）组件的数据绑定

使用组件的 textvariable 属性，将一个 StringVar 对象与组件绑定，当 StringVar 的值改变时，自动显示到组件上。

【例 8-7】窗口中有一个按钮，初始显示"确定"，单击按钮在"确定"和"取消"间切换。

【源程序】

```
from tkinter import *
def h1(event):                      #事件处理程序
    if b1['text']=="确定":          #在"确定"和"取消"间切换
        sv.set("取消")             #b1 是按钮组件，sv 是 StringVa 对象
    else:
        sv.set("确定")


root=Tk()
b1=Button(root)                     #创建按钮组件
b1.bind("<Button-1>",h1)            #绑定单击事件，事件处理程序为 h1 函数
sv=StringVar()                      #StringVar 对象
b1['textvariable']=sv               #StringVar 对象与组件绑定
sv.set("确定")#                     #设置 StringVar 对象的值
b1.pack()#                          #显示按钮组件
root.mainloop()
```

8.4.2　常用组件

1. 按钮（Button）

Button 是一个简单按钮，用来执行命令或其他操作。常用的属性有 text、width、height、command、state 等。command 用于指定单击事件的回调函数，state 设定按钮是否可用，取值为 DISABLED 或 ENABLED。例如：

```
bt1=Button(root,text="OK",state=ENABLED, command=function1)
```

2. 标签（Label）

显示文本或图像，常用属性为 text、width、height、bg、fg、anchor 等。

3. 文本框（Entry）

文本输入区域，常用选项有 fg、bg、font、state、width、state、show、textvariable 等。state='readonly' 设置文本框只读，show='*'设置文本框输入时显示*（用于密码输入）。文本框的 get()方法获取文本框中的内容。

【例 8-8】创建一个文本框和一个按钮，当文本框失去焦点、在文本框中按回车键或单击按钮时显示文本框的内容。

【源程序】

```python
from tkinter import *
def h1(event):                          #事件处理函数
    print(e1.get())                     #显示文本框内容
root=Tk()
e1=Entry(root)                          #创建文本框
e1.bind('<Return>',h1)                  #文本框绑定回车事件
e1.bind('<FocusOut>',h1,add='+')        #文本框添加绑定失去焦点事件
e1.pack()
b1=Button(root,text="OK")               #创建按钮
b1.bind("<Button-1>",h1)                #按钮绑定单击事件
b1.pack()
root.mainloop()
```

【运行结果】

运行结果如图 8-9 所示。

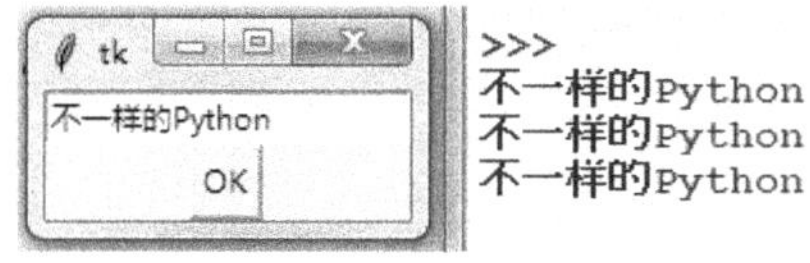

图 8-9　文本框与事件

【例 8-9】创建一个文本框和两个按钮，文本框初始值为"1234567"，在文本框中输入文字，单击按钮 1 显示文本框的内容，单击按钮 2 恢复初始值"1234567"。

【分析】使用 Entry 对象的 insert 方法可以设定在哪个位置插入什么内容。delete 方法可以删除指定位置的内容。

```python
entry.insert(0,"1234567")               #在 0 位置插入内容
entry.insert(1,"abc")                   #在 1 位置插入内容
entry.delete(1,3)                       #删除 1,2 位置的内容
```

还可以使用 textvariable 属性将文本框和 StringVar 对象绑定，可以设置和获取文本框的内容。

【源程序】

```python
from tkinter import *
def h1(event):                          #事件处理函数
    print(sv.get())                     #显示文本框内容
def h2(event):                          #事件处理函数
    sv.set("1234567")                   #设置文本框内容（恢复）
root=Tk()
e1=Entry(root,width=20)                 #创建文本框
sv=StringVar()                          #创建 StringVar 对象
e1.config(textvariable=sv)              #数据绑定
sv.set("1234567")                       #设置数据初始值
e1.pack()
b1=Button(root,text="确定",width=20)    #创建按钮 1
b1.bind("<Button-1>",h1)                #按钮 1 绑定单击事件
b1.pack()
b2=Button(root,text="恢复",width=20)    #创建按钮 2
b2.bind("<Button-1>",h2)                #按钮 2 绑定单击事件
b2.pack()
root.mainloop()
```

【运行结果】

运行结果如图 8-10 所示。

4. 消息框（Message）

消息框可以显示多行文本。指定宽高比，文本会显示在指定的一个范围内。例如 aspect=350 表示宽度是高度的 350%。

【例 8-10】在消息框中显示"四个全面"。

【源程序】

```
from tkinter import *
root=Tk()
ms=Message(root,aspect=350,bg='WHITE',fg='BLACK')
ms['text']="四个全面：全面建成小康社会、全面深化改革、全面推进依法治国、全面从严治党。"
ms.pack()
bt1 = Button(root,text="OK",width=20)
bt1.pack()
root.mainloop()
```

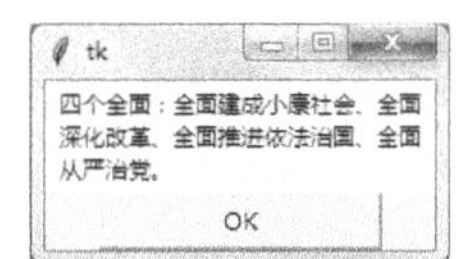

图 8-10　文本框内容的插入和恢复

【运行结果】

运行结果如图 8-11 所示。

5. 多行文本框（Text）

多行文本框用于显示和编辑多行文本。有多种方法编辑文本。

【例 8-11】创建一个多行文本框和一个按钮，多行文本框初始内容为"四个全面"，可以编辑其中的内容。单击按钮，在交互窗口中显示多行文本框中的内容。

【源程序】

```
from tkinter import *
def h1(event):
    print(ms.get(1.0,END))

root=Tk()
ms=Text(root,width=30,height=5,bg='WHITE',fg='BLACK')
ms.insert(0.0,"四个全面：全面建成小康社会、全面深化改革、全面推进依法治国、全面从严治党。")
ms.pack()
bt1 = Button(root,text="OK",width=20)
bt1.bind('<Button-1>',h1)
bt1.pack()
root.mainloop()
```

【运行结果】

运行结果如图 8-12 所示。

6. 单选按钮（RadioButton）

单选按钮用于选择一组选项中的一个。variable 绑定 IntVar 或 StringVar 对象到选择值，一组单选按钮绑定到同一个对象。value 指定每个单选按钮的取值（可以任意）。command 可以指定状态变化时的回调函数。

【例 8-12】创建一组单选按钮和一个按钮。选择单选按钮，单击按钮，显示选中的单选按钮的值。

【源程序】

```
from tkinter import *
def h1(event):                    #事件处理
```

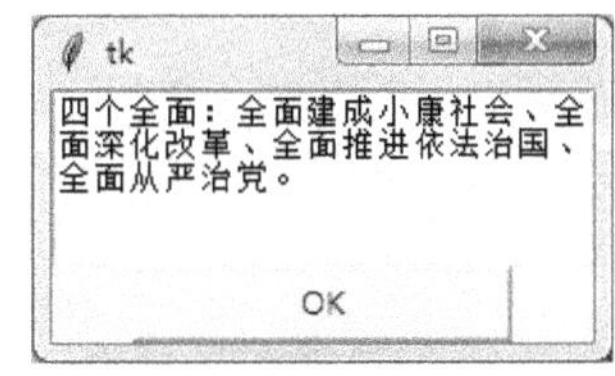

图 8-11　消息框显示文本

图 8-12　多行文本框

```
    print(v.get())                      #显示选中的按钮的值（即 IntVar 对象的值）

caption=['python','tkinter','widget']
root = Tk()
v = IntVar()                            #IntVar 对象
v.set(2)                                #设置值，表示初识时取值为 2 的按钮被选中
for i in range(3):                      #创建一组单选按钮，绑定 3 到同一对象 v
    Radiobutton(root,variable = v,text =caption[i],value=i+1).pack()
bt1=Button(root,text="OK",width=15)        #创建按钮
bt1.bind("<Button-1>",h1)  #按钮绑定鼠标事件
bt1.pack()
root.mainloop()
```

【运行结果】

运行结果如图 8-13 所示。

7. 复选框（Checkbutton）

复选框可在多个选项中可以选择多项。command 可以指定状态变化时的回调函数。

【例 8-13】创建一组复选框和一个按钮。选择复选框的选项，单击按钮，显示复选按钮的状态。1 表示选中，0 表示未选中。

图 8-13　单选按钮的使用

【源程序】

```
from tkinter import *
def h1(event):                          #事件处理
    print(v1.get(),v2.get(),v3.get())   #显示复选按钮的状态
caption=['python','tkinter','widget']
root = Tk()
v1 = IntVar()                           #IntVar 对象
v2 = IntVar()                           #IntVar 对象
v3 = IntVar()                           #IntVar 对象
v1.set(0)                               #设置初始状态，0 表示未选中
v2.set(0)
v3.set(0)
Checkbutton(root,variable = v1,text =caption[0]).pack()        #复选框
Checkbutton(root,variable = v2,text =caption[1]).pack()
Checkbutton(root,variable = v3,text =caption[2]).pack()
bt1=Button(root,text="OK",width=15)             #创建按钮
bt1.bind("<Button-1>",h1)                       #按钮绑定鼠标事件
bt1.pack()
root.mainloop()
```

【运行结果】

运行结果如图 8-14 所示。

8. 列表框（Listbox）

列表框用于显示项目列表，允许选择一项或多项。列表对象的 insert 方法用于插入列表项目，delete 方法用于删除列表项目，curselection 方法返回选中的项目号元组，get 方法返回指定范围（索引范围）的项目。selectmode 属性设置项目的选择方式，取值 BROWSE，单选，可以用鼠标拖动；SINGLE，单选；MULTIPLE 多选；EXTENEDE，多选，可鼠标拖动。

图 8-14　复选框的使用

【**例 8-14**】设计如图 8-15 所示的窗口，在列表中选择项目，单击>>或<<按钮，将选中的项目移到右边或左边列表。

【源程序】

```
from tkinter import *
def toright(event):                        #事件处理
    for item in lb1.curselection():        #左边选中项目号，结果为元组
        lb2.insert(END,lb1.get(item))      #插入右边的列表
    for item in lb1.curselection():        #选中的项目
        lb1.delete(item)                   #从左边删除

def toleft(event):                         #事件处理
    for item in lb2.curselection():        #右边选中项目
        lb1.insert(END,lb2.get(item))      #插入左边的列表
    for item in lb2.curselection():        #右边选中项目
        lb2.delete(item)                   #从右边删除

root = Tk()
f1=Frame(root)                             #三个框架
f1.pack(side=LEFT)                         #从左向右排列
f2=Frame(root)
f2.pack(side=LEFT)
f3=Frame(root)
f3.pack(side=LEFT)

lb1=Listbox(f1,width=10,height=8,selectmode=EXTENDED)    #列表
lb1.insert(0,'班级','学号','姓名','电话','地址','邮编')     #插入元素
lb1.pack()

bt1=Button(f2,text=">>",width=10)          #创建按钮
bt1.bind("<Button-1>",toright)             #按钮绑定鼠标事件
bt1.pack(side=TOP)                         #从上向下排列

bt2=Button(f2,text="<<",width=10)          #创建按钮
bt2.bind("<Button-1>",toleft)              #按钮绑定鼠标事件
bt2.pack(side=TOP)

lb2=Listbox(f3,width=10,height=8,selectmode=EXTENDED)    #右边列表
lb2.pack()
root.mainloop()
```

【运行结果】

运行结果如图 8-15 所示。

9. 滑块（Scale）

通过滑块选择参数值。orient 属性设置滑块的放置方向，HORIZONTAL 为水平，VERTICAL 为垂直。length 设置滑条的长度，width 设置滑块的宽度。from_设置范围起点，to 设置范围终值。variable 绑定 IntVar、StringVar 或 DoubleVar 对象，label 设置 Scale 的标签（标题）。

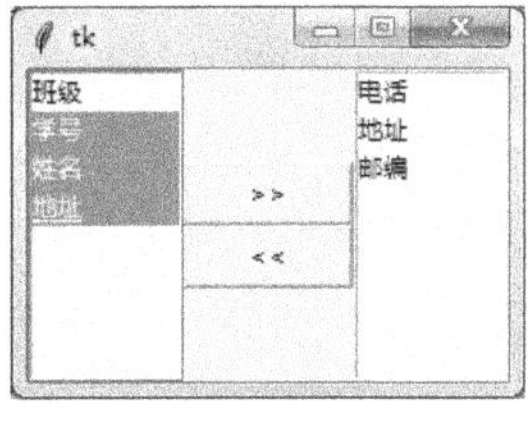

图 8-15　列表框的应用

command 属性指定回调函数，带 1 个参数，是滑块的当前值。

get()方法返回滑块的当前值，set(value)方法设置滑块的值。

【例 8-15】创建一个滑块组件和一个文本框组件。滑块组件水平放置，取值范围为-100～+100 之间的整数，初始值为 0。拖动滑块，在交互窗口和文本框中显示滑块的当前取值。效果如图 8-16 所示。

【源程序】

```
from tkinter import *
def h1(v):                      #事件处理函数,v是滑块的取值
    print(v)                    #显示滑块的值
    sv.set(v)                   #设置 StringVar 对象的值
root=Tk()
s1=Scale(root,orient=HORIZONTAL,length=200,\
        label="音量调节",  \
        from_=-100, to=100,command=h1)          #创建画块
        s1.set(0)               #设置初始值
s1.pack()                       #显示
sv=StringVar()                  #StringVar 对象
sv.set(s1.get())                #设置 初始值  s1.get()获得滑块的当前值
e1=Entry(root,textvariable=sv)                  #创建文本框，绑定数据对象 sv
e1.pack()
root.mainloop()
```

【运行结果】

运行结果如图 8-16 所示。

8.4.3　对话框组件

1. 通用消息对话框

tkinter 的子模块 messagebox 包含通用消息对话框。这些对

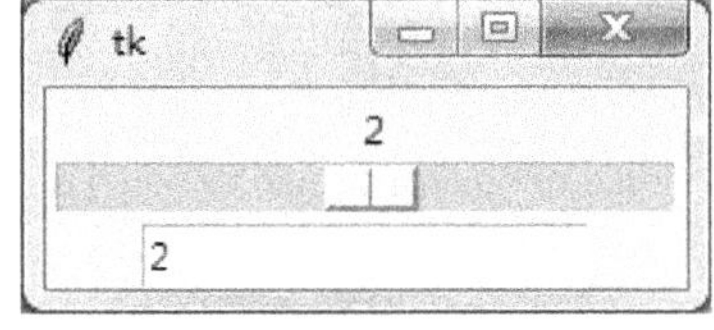

图 8-16　滑块的使用

话框有 askokcancel、askquestion、askretrycancel、askyesno、showerror、showinfo、showwarning 等。参数 title 设置标题；message 设置显示的信息（使用\n 可显示多行）；default 设置默认按钮，取值包括 CANCEL、IGNORE、OK、NO、RETRY、YES 等，但取值可根据对话框不同而不同，一般默认是 CANCEL 按钮；icon 设置图标，取值有 ERROR、INFO、QUSETION、WARNING 等；parent 设置父窗口，默认为根窗口。

函数的返回值是布尔值或字符串。

【例 8-16】创建一个按钮，单击按钮显示 OK/CANCEL 对话框，在对话框中单击按钮，显示对话框函数的返回值。

【源程序】

```
from tkinter.messagebox import *
from tkinter import *
def h1():
    #对话框函数
    b=askokcancel(title="AskOK Cancel",\
            default=OK,     \
        icon=QUESTION, message="是否真的删除该文件? ")
    print(b)
```

```
root=Tk()
Label(root,text="Message box test").pack()          #标签
bt1=Button(root,text="OK",width=20,command=h1)        #按钮
bt1.pack()
root.mainloop()
```

【运行结果】

运行结果如图 8-17 所示。

2. 文件对话框

tkinter 的子模块 filedialog 包含用于打开文件的对话框，包括如下内容。

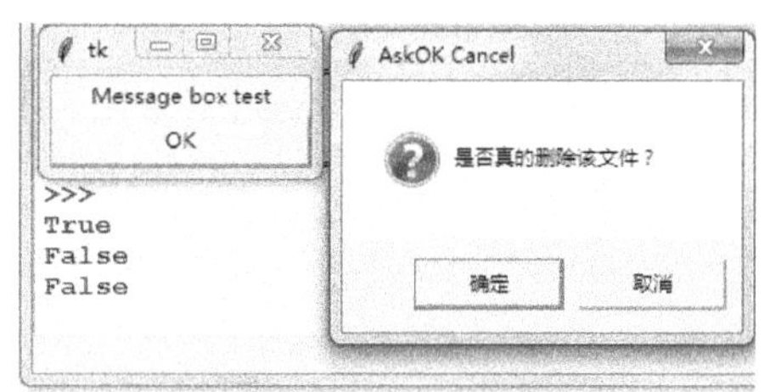

图 8-17　消息对话框

- askdirectory(**option) 打开目录对话框，返回目录名。
- askopenfile（**option）打开文件对话框，返回打开的文件对象。
- askopenfiles（**option）打开文件对话框，返回打开的文件对象列表。
- askopenfilename（**option）打开文件对话框，返回打开的文件名。
- askopenfilenames（**option）打开文件对话框，返回打开的文件名列表。
- asksavesefile（mode='w',**option）打开保存对话框，返回保存的文件对象。
- asksavesefilename（mode='w',**option）打开保存对话框，返回保存的文件名。

可用选项包括如下内容。

- defaultextension,指定默认扩展名。
- filetypes，文件过滤器。
- initialdir，初始目录。
- initialfile，初始文件。
- parent，父窗口，默认为根窗口。
- title，窗口标题。

【例 8-17】创建一个按钮，单击按钮打开"打开文件对话框"，要求设置文件过滤、初始目录、初始文件。选择文件单击"打开"后在 Python 交互窗口中显示完整的文件名（含路径）。

【源程序】

```
from tkinter.filedialog import *
from tkinter import *
def h1():
    #打开文件对话框
    b=askopenfilename(title="打开",defaultextension='.cpp' , \
                filetypes=[('Python','.py'),('C++文件','.cpp')],\
                initialdir="c:\\2013data",\
                initialfile="tmp.py")
    print(b)                    #显示返回结果
root=Tk()
Label(root,text="打开文件").pack()

bt1=Button(root,text="打开",width=20,command=h1)
bt1.pack()
root.mainloop()
```

【运行结果】

返回的文件名如：C:/2013data/程序集锦/python/filetest.py。

3. 颜色对话框

tkinter 的子模块 colorchooser 包含颜色选择对话框函数 askcolor。它的选项有父窗口 parent 和标题 title。函数返回 R、G、B 分量和颜色的 24 位十六进制形式。

【例 8-18】创建一个按钮，单击按钮打开"颜色选择对话框"，选择颜色后，显示颜色值。

【源程序】

```python
from tkinter.colorchooser import *
from tkinter import *
def h1():
    #打开颜色选择对话框
    b=askcolor(title="请选择颜色")
    print(b)                            #显示返回的颜色值元组
root=Tk()
bt1=Button(root,text="选择颜色",width=20,command=h1)
bt1.pack()
root.mainloop()
```

【运行结果】

返回的颜色值如下：

```
((128.5, 255.99609375, 0.0), '#80ff00')
```

4. 简单数据对话框

tkinter 的子模块 simpledialog 中设计了如下输入数据的简单对话框函数。

● askinteger,输入并返回整数。

● askfloat,输入并返回浮点数。

● askstring,输入并返回字符串。

【例 8-19】创建一个按钮，单击按钮打开"数据输入对话框"，输入数据后，显示输入的数据。

【源程序】

```python
from tkinter.simpledialog import *
from tkinter import *
def h1():
    b=askfloat(title="数据输入",prompt="请输入实数",\
            minvalue=-100,maxvalue=100,initialvalue=1.0)
    print(b)
root=Tk()
bt1=Button(root,text="选择颜色",width=20,command=h1)
bt1.pack()
root.mainloop()
```

【运行结果】

运行结果如图 8-18 所示。

8.4.4　菜单

创建菜单使用 Menu 类，添加菜单项使用该类的 add_command 方法，该方法的 command 属性指定单击该菜单项时执行的函数（响应）。

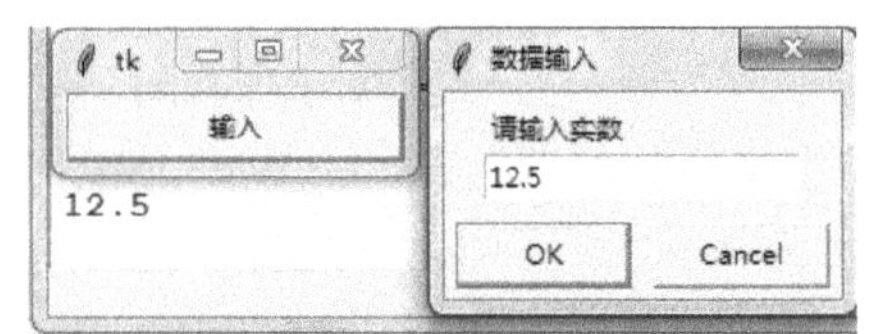

图 8-18　简单数据输入对话框

1. 主菜单

将 root 窗口的 menu 属性设为某一个菜单对象，则将该菜单作为 root 的主菜单。

【例 8-20】创建一个与 Python 的 IDLE 相同的主菜单项（图 8-19），单击菜单，在交互窗口中显示"main menu"。

【源程序】

```python
from tkinter import *
root = Tk()
root['width']=400
root['height']=200
#单击菜单项时的处理函数
def h1():
    print ('main menu')


menubar = Menu(root)                #创建菜单
#创建主菜单，添加菜单项，每项菜单的命令执行都是h1
for item in ['File','Edit','Format','Run','Options','Windows','Help']:
    menubar.add_command(label = item,command = h1)
#将 menubar 设置为 root 窗口的菜单（主菜单）
root['menu'] = menubar
root.mainloop()
```


图 8-19　主菜单

2. 下拉菜单

使用菜单对象的 add_cascade() 方法，可以将另一个菜单作为本菜单的某一项的下拉菜单。一个菜单中，除命令菜单项外，还可以使用：

- add_checkbutton 添加复选框菜单项。
- add_radiobutton 添加单选按钮菜单项。
- add_separator 添加分隔符。

【例 8-21】创建主菜单，项目有 File、Edit 和 Help。单击 File 显示下列菜单，下拉菜单的命令项目有 New、Open、Save、Save As，单选项有 English、中文，复选项有 History、Option、Debug、Exit，不同类别项目之间有分隔线。选择 Open 命令打开"打开"文件对话框，单击其他项目显示一句话，如 Menu 等。菜单形式如图 8-20 所示。

【源程序】

```python
from tkinter.filedialog import *
from tkinter import *
root = Tk()
root['width']=400
root['height']=200

#单击菜单项时的处理函数
def h1():
    print ('main menu')
def h2():
    print ('cascade  menu')
def fileopen():
    #打开文件对话框
```

```
        b=askopenfilename(title="打开",defaultextension='.cpp' , \
                    filetypes=[('Python','.py'),('C++文件','.cpp')],\
                    initialdir="c:\\2013data",\
                    initialfile="tmp.py")
    print(b)                        #显示返回结果

menubar = Menu(root)                #创建主菜单

menufile=Menu(menubar)              #创建菜单 menufile
menufile.add_command(label='New File',command=h2)          #添加 munefile 菜单的菜单项
menufile.add_command(label='Open...',command=fileopen)     #调用函数 fileopen 打开文件
menufile.add_command(label='Save...',command=h2)
menufile.add_command(label='Save As...',command=h2)
menufile.add_separator()            #分隔线
menufile.add_radiobutton(label='English',command=h2)       #单选
menufile.add_radiobutton(label='中文',command=h2)
menufile.add_separator()
menufile.add_checkbutton(label='History',command=h2)       #复选
menufile.add_checkbutton(label='Option',command=h2)
menufile.add_checkbutton(label='Debug',command=h2)
menufile.add_separator()
menufile.add_checkbutton(label='Exit',command=h2)
#添加主菜单项
menubar.add_cascade(label="File",menu=menufile)            #File 有下拉菜单 menufile
menubar.add_command(label = 'Edit',command = h1)           #Edit 没下拉菜单，单击执行命令
menubar.add_command(label = 'Help',command = h1)

#将 menubar 设置为 root 窗口的菜单（主菜单）
root['menu'] = menubar
root.mainloop()
```

【运行结果】

运行结果如图 8-20 所示。

8.4.5　画布绘图

画布（Canvas）是一个长方形的区域，用于绘制图形、文字，放置各种组件和框架。

1. 创建画布

```
c = Canvas(root)                #创建画布
c.pack()                        #显示画布
```

2. 图形对象

图 8-20　下拉菜单

通过 Canvas 对象的方法绘制图形对象，可绘制的图形包括如下内容。

- create_arc()绘制圆弧。
- create_bitmap()绘制位图。
- create_image()绘制位图图像。
- create_line()绘制直线。

- create_oval()绘制椭圆。
- create_polygon 绘制多边形。
- create_rectangle()绘制矩形。
- create_text()显示文本。
- create_window 绘制子窗口。

3. 对象的标识

创建对象的方法（函数）返回一个整数，这个整数是该对象的一个标识（id），以后可以通过这个整数查找、删除这个对象。

还可以在创建图形对象时使用 tags 属性，设置一个字符串形式的标签，以后也可以通过标签找到这个对象。一个图形对象可以有 0 个或 n 个标签，一个标签也可以对应多个图形对象。例如：

```
id=c.create_line(100,50,200,50,tags='lin101')              #画直线，一个标签
c.create_oval(100,60,200,90,fill='lightgreen',tags=('oval','green'))  #两个标签
```

4. 编辑对象

Canvas 的以下方法可以查找对象。

- find_all()　查找所有对象。
- find_bellow(TagorId)　查找标签或 id 对象下面的对象。
- find_closet(x,y)　查找最近的对象。
- find_enclosed(x1,y1,x2,y2)　查找区域内包含的对象。
- find_overlapping(x1,y1,x2,y2)　查找区域内重叠的对象。
- find_withtag(tag)　查找指定标签的对象。

通过 delete 方法删除对象。

```
delete(TagorId)
```

通过以下方法调整对象的叠放层次。

- tag_lower(tagOtId, bellowThis)　将 tagOtId 对象移到下面。
- tag_raise(tagOtId, aboveThis)　将 tagOtId 对象移到上面。

5. 绘图选项

使用 Canvas 的方法创建图形对象时，可以指定各种绘图选项，如绘图颜色、填充颜色、边框大小等。也可以使用 Canvas 的 itemconfigure 方法设置各种选项，或使用 itemget 方法获取选项值。例如：

```
c = Canvas(root)                              #创建画布
c.pack()                                      #显示画布
id=c.create_rectangle(100,50,200,200,fill='lightgreen')     #画矩形
c.create_oval(100,100,300,300,tags=('oval','green'))        #画椭圆，设标签
c.itemconfigure('oval',fill='green')                        #设置椭圆的填充颜色
print(c.itemcget(id,'fill'))        #获得矩形的填充颜色，显示'lightgreen'
```

常用的选项包括如下内容。

- width，边框线宽。
- fill，填充颜色。
- activefill，活动（鼠标经过）时的填充颜色。
- disablefill，禁止时的填充颜色。

- outline，边框颜色。
- active outline，活动（鼠标经过）时的边框颜色。
- disable outline，禁止时的边框颜色。
- dash，边框线型，取值是表示线段长度的一个元组，只画奇数号的线，如（4,）画长度为 4 的线段和空白间隔，（10,4,5,2）画长度为 10 的线段、空白、长 5 的线段、空白等。
- stipple，填充图案 gray75、gray50、gray12、hourglass、info、questhead、question 和 warning 等。注意，使用该选项时，也应使用 fill 选项。
- arrow，设置绘制的直线是否带箭头，取值为 FIRST、LAST、BOTH，设置在起点或终点带箭头。
- capstyle，设置线条端点的样式，取值为 BUTT（方形）、PROJECTING（伸出方形）、ROUND（圆形）。
- joinstyle，设置线条的连接方式，取值为 ROUND（圆角）、BEVEL（斜面角）、MITER（斜角）。
- smooth，设置连接的光滑程度，取值 0 连接为主线，取值 1 连接为曲线。

【例 8-22】绘制折线和矩形，使用线宽、填充、连接方式、虚线等属性。

【源程序】

```python
from tkinter import *
root = Tk()
root['width']=200
root['height']=300
c = Canvas(root)                    #创建画布
c.pack()                            #显示画布
id1=c.create_line(10,10,200,10,200,120,width=10,fill='blue',arrow=FIRST)
id2=c.create_rectangle(20,50,160,100,width=5,fill='green',tags='lin101')
c.itemconfigure(id2,outline='blue',dash=(5,2,2,2),stipple='gray75')
root.mainloop()
```

【运行结果】

运行结果如图 8-21 所示。

6. 图形对象的绘制

create_rectangle(x0,y0,x1,y1,option)，绘制矩形，(x0,y0)左上角，(x1,y1)右下角。

图 8-21　绘制折线和矩形

create_arc(x0,y0,x1,y1,option)绘制圆弧，(x0,y0)左上角，(x1,y1)右下角。选项 start 指定起始角度，默认为 0；extent 指定终止角度，默认为 90；都省略时为 0～360（即画圆）；style 指定圆弧样式，取值为 PIESLICE（饼块，扇形，默认）、CHORD（弦）、ARC（弧）。

create_bitmap(x,y,bitmap=bmname)，绘制在指定位置显示位图，bmname 的取值为 error、info、warning、hourglass 等。

create_line(x0,y0,x1,y1,...,option)，绘制直线或折线，给出折线上的坐标点。

create_oval(x0,y0,x1,y1,option)，绘制椭圆，(x0,y0)左上角，(x1,y1)右下角。

create_polygon(x0,y0,x1,y1,...,option)，绘制多边形，各顶点。

create_text(x,y,option)在指定位置显示文本，text 属性指定文本内容，font 指定字体。

8.5　本章实例

8.5.1　绘制正弦曲线

【例 8-23】绘制一个周期的正弦曲线（图 8-22（c））。

【问题分析】人们习惯在平面直角坐标系中绘制正弦曲线，而屏幕坐标系和平面直角坐标系不同。所以，需要进行坐标的变换，将平面直角坐标系中的图形转换到屏幕坐标系中。还有，屏幕坐标单位是像素，正弦曲线的理论函数值不超过 1，要显示正弦曲线，还需要放大图形。设屏幕坐标系中，正弦曲线的原点在(a,b)，放大比例为 SCALE_X 和 SCALE_Y，即将原来的一个单位，x 方向放大到 SCALE_X，y 方向放大到 SCALE_Y。

设（$x1,y1$）是平面直角坐标系中的点。$y1=\sin(x1)$。

（1）先进行缩放（图 8-22（a））。

$x2=x1 \times$ SCALE_X

$y2=y1 \times$ SCALE_Y

（2）翻转 y 轴（图 8-22（b））

$x3=x2$

$y3=-y2$

（3）平移（图 8-22（c））

$x4=a+x3$

$y4=b+y3$

将（1）、（2）、（3）步和在一起为

$x4=a+x1 \times$ SCALE_X

$y4=b-y1 \times$ SCALE_Y

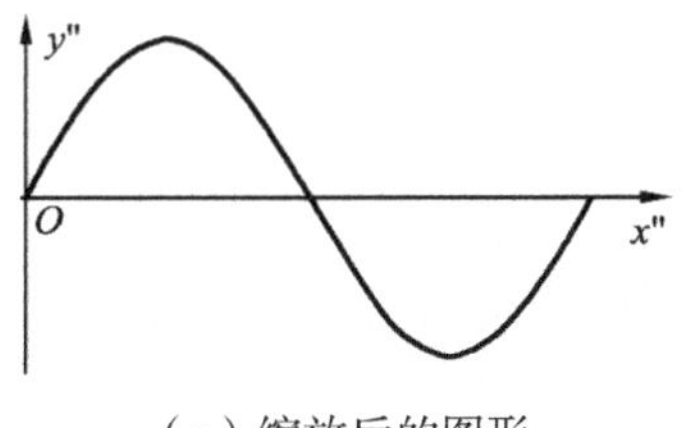

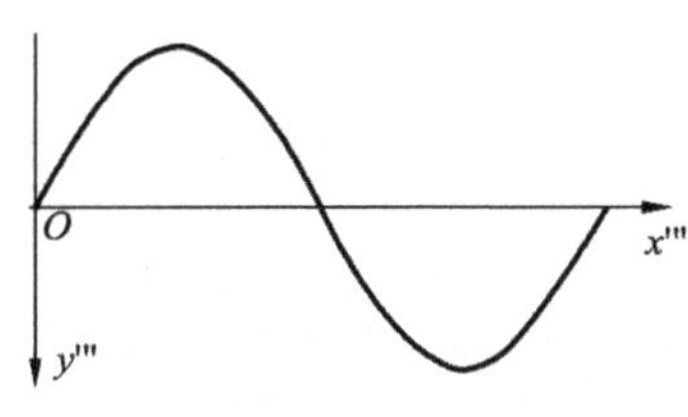

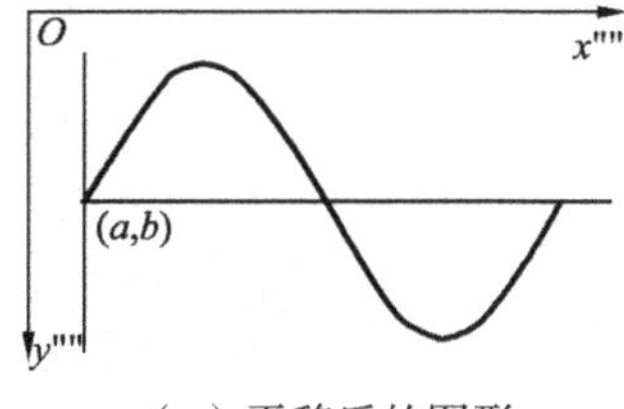

（a）缩放后的图形　　　　　（b）y 轴翻转后的图形　　　　　（c）平移后的图形

图 8-22　例 8-23 绘制图形

【源程序】

```python
from tkinter import *
import math

SCRWIDTH=350                        #画布宽度
SCRHEIGHT=200                       #画布高度
a=5                                 #原点的 x 坐标
b=SCRHEIGHT/2;                      #原点的 y 坐标
```

```
SCALE_X=50                              #x 轴缩放比例
SCALE_Y=90                              #y 轴缩放比例

root = Tk()                             #根窗口
c = Canvas(root,width=SCRWIDTH,height=SCRHEIGHT)        #创建画布
c.pack()                                #显示画布

c.create_line(0,b,SCRWIDTH,b)           #画 x 轴
c.create_line(a,0,a,SCRHEIGHT)          #画 y 轴

x0=a                                    #正弦曲线的原点
y0=b
for alpha in range(0,361,10):           #0～360 度画图

    x1=alpha/180*math.pi                #转换为弧度
    y1=math.sin(x1)                     #求正弦值
    x4=int(a+x1*SCALE_X)                #x 坐标变换
    y4=int(b-y1*SCALE_Y)                #y 坐标变换
    c.create_line(x0,y0,x4,y4)          #   画线
    x0=x4                               #终点变起点，准备画下一条线
    y0=y4    #
c.create_text(SCRWIDTH/2, 20,text='y=sin(x)')          #显示文字'y=sin(x)'
root.mainloop()
```

【运行结果】

运行结果与图 8-22（c）相似。

8.5.2　绘制分形树

1. 二叉树

本例是分形树的基础。

【例 8-24】编写程序，绘制如图 8-23 所示的二叉树图形。

两个分叉的特点是：长度是树干的 2/3，沿树干方向分别左转 30°、右转 30°。

【问题分析】（1）先看树干方向上，（$x3$，$y3$）点的坐标（见图 8-24），根据三角形的相似性，A1-A2 的延长线上，A2-A3 的长度是 A1-A2 长度的 k 倍，则 A3 的坐标为

$x3=x1+(k+1)(x2-x1)$

$y3=y1+(k+1)(y2-y1)$

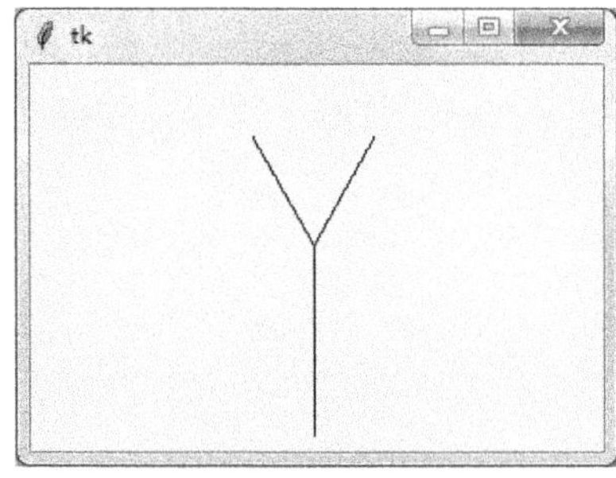

图 8-23　二叉树图形

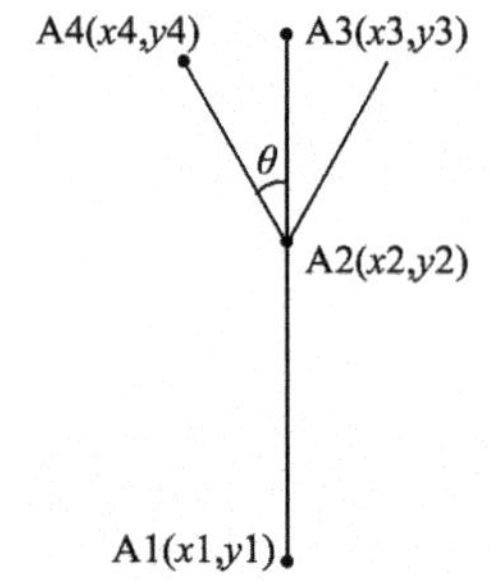

图 8-24　直线上的点和旋转变换

（2）A3 点绕 A2 点逆时针方向旋转 θ 角度，则 A4 点的坐标为

$x4=x2+(x3-x2)\cos\theta+(y3-y2)\sin\theta$

$y4=y2+(y3-y2)\cos\theta-(x3-x2)\sin\theta$

限于篇幅，公式的过程请自己推导。

【源程序】

```python
from tkinter import *
import math

SCRWIDTH=300                    #画布宽度
SCRHEIGHT=200                   #画布高度
root = Tk()                     #根窗口
c = Canvas(root,width=SCRWIDTH,height=SCRHEIGHT)     #创建画布
c.pack()                        #显示画布

x1=SCRWIDTH/2
y1=SCRHEIGHT-5
x2=SCRWIDTH/2
y2=SCRHEIGHT-5-100
k=2/3
c.create_line(x1,y1,x2,y2)      #树干
x3=x1+(k+1)*(x2-x1)
y3=y1+(k+1)*(y2-y1)
x=x3
y=y3
xr=x2;
yr=y2;

theta=30/180*math.pi
x4=xr+(x-xr)*math.cos(theta)+(y-yr)*math.sin(theta)     #旋转变换
y4=yr+(y-yr)*math.cos(theta)-(x-xr)*math.sin(theta)
c.create_line(x2,y2,x4,y4)      #画线

theta=-30/180*math.pi
x4=xr+(x-xr)*math.cos(theta)+(y-yr)*math.sin(theta)     #旋转变换
y4=yr+(y-yr)*math.cos(theta)-(x-xr)*math.sin(theta)
c.create_line(x2,y2,x4,y4)      #画线
root.mainloop()
```

【运行结果】

运行结果如图 8-23 所示。

2．分形树

【例 8-25】编写程序，绘制如图 8-25 所示的分形树。这个图形是将例 8-24 中二叉树的两个树枝作为树干按相同的方法再画二叉树，如此继续绘制，直到树枝很短而画成的。要求窗口中有一个文本框和一个按钮。在文本框中输入树枝和树干的比例，单击按钮，在画布上绘制图形。

【问题分析】分形是数学上的一个分支，如果一个图形的任何一个局部都与整体具有相似的结构，则称这个图形具有分形结构。本例的图形就是这样。

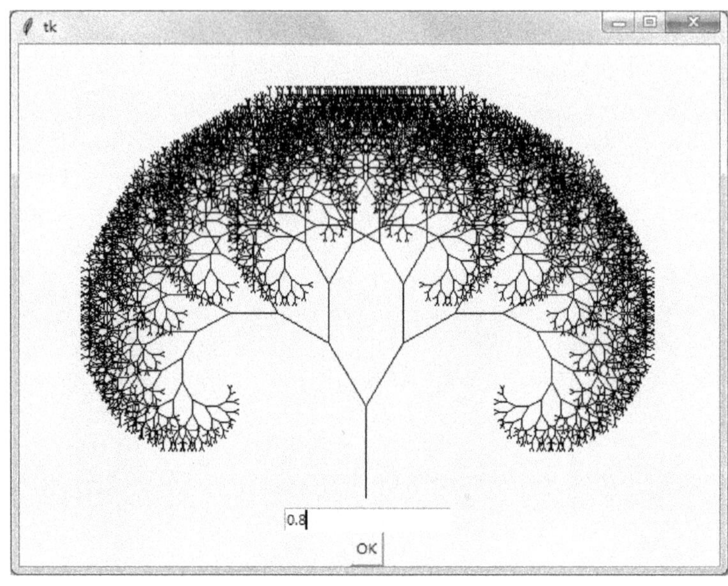

图 8-25　分形树

例 8-24 已经绘制了一个二叉树图形，相当于本例图形的一个最简版本。这样，本例只需将例 8-24 的绘图部分写成函数，递归地调用即可。当然，最重要的是要处理终止情况。

【源程序】

```python
from tkinter import *
import math
def btree(x1,y1,x2,y2,k):              #分形树递归程序
    eps=5                              #精度控制
    #k=2/3
    c.create_line(x1,y1,x2,y2)  #画树干
    x3=x1+(k+1)*(x2-x1)
    y3=y1+(k+1)*(y2-y1)
    if (abs(x2-x1)>eps or  abs(y2-y1)>eps):             #控制是否递归
        x=x3
        y=y3
        xr=x2;
        yr=y2;
        theta=30/180*math.pi
        x4=xr+(x-xr)*math.cos(theta)+(y-yr)*math.sin(theta)       #旋转变换
        y4=yr+(y-yr)*math.cos(theta)-(x-xr)*math.sin(theta)
        c.create_line(x2,y2,x4,y4)                    #绘左分支
        btree(x2,y2,x4,y4,k)                          #递归

        theta=-30/180*math.pi
        x4=xr+(x-xr)*math.cos(theta)+(y-yr)*math.sin(theta)       #旋转变换
        y4=yr+(y-yr)*math.cos(theta)-(x-xr)*math.sin(theta)
        c.create_line(x2,y2,x4,y4)                    #绘制右分支
        btree(x2,y2,x4,y4,k)                          #递归
def function1():                       #事件处理函数
    x1=SCRWIDTH/2                      #树干起点
    y1=SCRHEIGHT-5
```

```
    x2=x1                                      #树干终点
    y2=SCRHEIGHT-5-80
    k=float(sv.get())                          #获得输入的树枝比例
    if k>0.91 or k<=0:                          #比例过小或过大都被排除
        k=0.5
    ag=c.find_all()                            #找已画过的图形对象
    for i in ag:
        c.delete(i)                            #删除所有的图形对象，即清屏
    btree(x1,y1,x2,y2,k)                        #递归画分形树


SCRWIDTH=600                                    #画布宽度
SCRHEIGHT=400                                   #画布高度

root = Tk()                                     #根窗口
c = Canvas(root,width=SCRWIDTH,height=SCRHEIGHT)   #创建画布
c.pack()                                        #显示画布
e1=Entry(root)                                  #创建文本框
sv=StringVar()                                  #创建 StringVar 对象
e1.config(textvariable=sv)                      #数据绑定
e1.pack()                                       #显示文本框
bt1=Button(root,text="OK", command=function1)   #创建按钮，绑定事件处理程序 function1
bt1.pack()                                      #显示按钮

root.mainloop()
```

【运行结果】

运行结果如图 8-25 所示。

习　题　8

一、单选题

1. 下列（　　）不是 Python 的图形模块。

  A. tkinter   B. turtle   C. wxpython   D. visualpython

2. root.mainloop()的作用是（　　）。

  A. 进入事件循环   B. 进入主程序循环

  C. 显示窗口内容   D. 调用 mainloop()方法函数

3. 网格形式的布局管理器是（　　）。

  A. pack   B. grid   C. place   D. table

4. 下列（　　）是 tkinter 的鼠标右键事件。

  A. <Button-0>   B. <Button-1>   C. <Button-2>   D. <Button-3>

5. 下列（　　）用于组件的事件绑定。

  A. event   B. bind   C. keys   D. config

6. 用于组件数据绑定的是组件的（　　　）属性。

  A. data   B. text   C. textvariable   D. StringVar

7. 下列（　　　）组件可以作为其他组件的容器。

  A. Entry   B. Listbox   C. Frame   D. Menu

8. 用于绘制图形的组件是（　　　）。

  A. Image   B. Canvas   C. Frame   D. Tk

9. Python 绘图的屏幕坐标原点是（　　　）。

  A. 画布左上角   B. 画布中心   C. 画布右下角   D. 画布左下角

10. 下面从（$x1,y1$）到（$x2,y2$）的坐标变换是（　　　）。

```
x2=x1*S1
y2=y1*S2
```

  A. 平移   B. 旋转   C. 垂直翻转   D. 缩放

二、编程题

1. 编写一个计算器程序，窗口有三个文本框，四个按钮，四个按钮分别为+、-、*、/，在前两个文本框中输入数据，单击按钮，在第三个文本框中显示相应的计算结果，除数为 0 时，显示 NON。

2. 设某班有 75 人，考试成绩统计结果为 90 分以上的 15 人，80～89 分的 20 人，70～79 分的 25 人，60～69 分的 10 人，不及格的 5 人，绘制显示比例关系的饼图。

3. 设某班有 75 人，考试成绩统计结果为 90 分以上的 15 人，80～89 分的 20 人，70～79 分的 25 人，60～69 分的 10 人，不及格的 5 人，绘制显示比例关系的直方图。

4. 绘制函数 $y=x^2$ 的图形。

5. 绘如下信号的图形。

$$y=A\sin(2\pi ft+\varphi_0)$$

其中，A 为振幅，f 为频率，φ_0 为初相位（单位为弧度），t 为时间。

6. 绘制阿基米德螺线。阿基米德螺线的极坐标方程为

$$r=\rho\theta$$

其中，ρ 为常量，θ 的单位为角度。

平面直角坐标方程为

$$x=r\cos\theta,\qquad y=r\sin\theta$$

一组参考参数是 $\rho=0.01$，缩放比例为 2，图形的原点为（150,100,），θ 取值为 0～360*10。

7. 设计一个小的绘图软件，通过菜单选择绘制图形的类型，如二次曲线、正弦曲线、余弦曲线等，通过菜单选择绘制图形的颜色，如红、绿、蓝等，还可以通过菜单缩放、平移图形。

第9章
数据库程序设计

本章主要内容包括数据库的基础知识及相关概念，数据库的结构化查询语言 SQL 的基本语法，如何使用 SQL 语言访问 SQLite 数据库，怎样在 Python 语言中通过 SQL 语言脚本实现对 SQLite 数据库的访问，最后给出数据库应用的实例程序。本章所涉及的概念包括数据库、表、字段、主键、外键和视图等。本章难点是如何使用 Python 编写访问 SQLite 数据库的程序。

9.1 数据库基础知识

数据库顾名思义就是数据的仓库，它按照某种数据结构来组织、存储和管理数据，相对于数据文件来讲有许多优点，如实现数据共享、减少数据冗余、数据具有独立性、实现数据集中管理和控制、数据具有一致性和可维护性、数据故障可恢复等。数据库有多种类型，其中用得最多的是关系数据库。这种数据库中的数据采用二维表的形式存储，每行称为一个记录（或元组），每列称为一个字段，用字段名标识。一行中的每列表示一条记录的一个字段值。可以唯一标识一条记录的一组字段称为键（或码）。键可以有多组，选取的用来唯一标识一条记录的键称为主键（或主码）。有时数据比较复杂，需要使用多个表来表示，它们之间有相同的字段作为联系，一个表 B 中的一列或一组列，其值是另一个表 A 中的主键的值，则表 A 叫做主表，表 B 叫做从表，从表中与主表主键相同的字段称为外键。

表 9-1 表示一张图书表，它有六个字段，分别是书号、书名、作者、出版社、定价和出版日期，其中书号能唯一标识一条记录，设为主键。该表有三条记录，书号用来唯一标识三本书的信息，该表为主表。表 9-2 表示一张读者表，它有三个字段，分别是借书证号、姓名和班级，其中借书证号设为主键，该表有三条记录，借书证号用来唯一标识三个读者的信息，该表为另一张主表。表 9-3 表示一张借书表，它有三个字段，分别是借书证号、书号和借书日期，该表为从表，其中借书证号和书号共同定义为主键，该表有三条记录，借书证号和书号用来唯一标识借书的三条记录信息，借书证号应是读者表的一个借书证号，是一个外键；书号应是图书表的一个书号，是另一个外键。

表 9-1　　　　　　　　　　　　　　　　图书表

书　　号	书　　名	作　者	出版社	定价	出版日期
978-7-111-39413-6	Python 入门经典	庞奇	机械工业出版社	79	2012.2
978-7-115-23027-0	Python 基础教程	赫特兰	人民邮电出版社	69	2010.8
978-7-302-27360-8	Python 科学计算	张若愚	清华大学出版社	98	2012.7

表 9-2　　　　　　　　　　　　　　　　读者表

借书证号	姓名	班级
12305	张之焕	机械 1318
63108	李宏	电气 1216
49529	王可詹	能动 1120

表 9-3　　　　　　　　　　　　　　　　借书表

借书证号	书号	借书日期
12305	978-7-111-39413-6	2015.4.20
63108	978-7-115-23027-0	2015.3.8
63108	978-7-302-27360-8	2015.3.8

　　数据库管理系统是一种操纵和管理数据库的系统软件，用于建立、使用和维护数据库，对数据库进行统一的管理和控制，以保证数据库的安全性和完整性，其功能包括数据定义，数据操作，数据库的运行管理，数据组织、存储与管理，数据库的保护、维护和通信等。用户通过数据库管理系统访问数据库中的数据，数据库管理员也通过它进行数据库的维护工作，在这方面，它提供了非常重要的结构化查询语言 SQL（Structured Query Language）供用户和管理员等更透明、更有效地访问数据库。SQL 主要提供数据定义语言 DDL（Data Definition Language）定义数据库结构，数据操作语言 DML（Data Manipulation Language）访问数据以及数据控制语言 DCL（Data Manipulation Language）进行访问权限控制三类语句，其中 CREATE、ALTER 和 DROP 为 DDL 语句用于数据库表结构的创建、修改和删除，SELECT、INSERT、UPDATE 和 DELETE 为 DML 语句用于数据库表数据的增、删、改、查，GRANT 和 REVOKE 为 DCL 语句用于用户访问权限的设置和回收。

　　在设计一个数据库应用系统时，首先必须把数据库的结构设计好，然后进行应用功能的程序设计。设计数据库结构之前，通常采用一种称为实体关系图（即 E-R 图）的方式描绘出数据库的大致结构，然后设计出各个表的结构和字段的数据类型，并录入数据，最后使用 SQL 语句访问这些数据。以上图书表、读者表和借书表的实体关系图如图 9-1 所示，其中矩形表示一类实体，椭圆表示属性，菱形表示实体之间的联系。

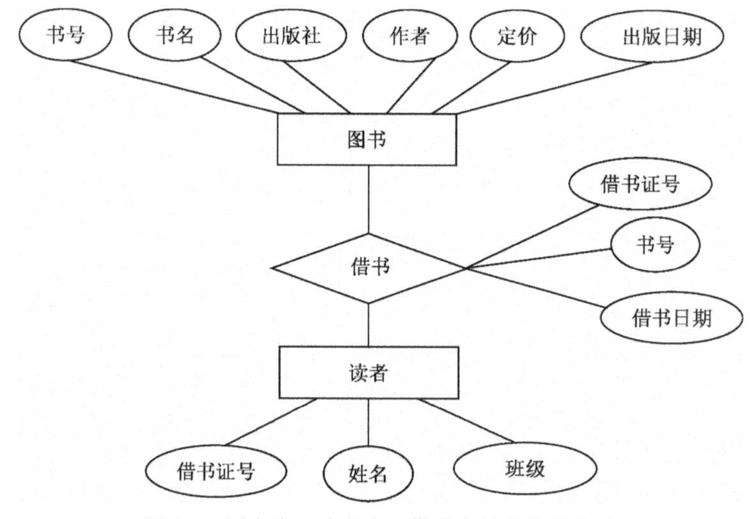

图 9-1　图书表、读者表和借书表的实体关系图

9.2　SQL 语言与 SQLite3 数据库使用简介

SQLite 是一款开源和轻便型的关系型数据库管理系统，它占用的内存、外存和 CPU 资源非常低，处理速度却比较快，支持最新的 SQL 语言标准，支持 Windows/Linux/Android 等主流操作系统，并能够很好地与很多程序设计语言结合，因此目前已经用在很多嵌入式产品当中。SQLite 可以独立使用，也可以嵌入其他产品中作为产品的一部分来使用。目前 SQLite3 是 SQLite 的最新版本。SQLite3 中的 SQL 语言具有与普通的计算机语言类似的特征，有自己的数据类型、运算符、语法功能关键词和函数等。

9.2.1　SQLite3 的数据类型、运算符和函数

1．SQLite3 的数据类型

SQLite3 的数据类型不但非常全，而且数据类型之间是互相兼容的，包括整数、长整数、浮点数、字符串、文本、大文本、二进制、布尔、日期和时间等数据类型，其中最常见的数据类型有整数（INTEGER）、浮点数（REAL）、文本（TEXT）和二进制（BLOB）。文本类型字段用于存放文字内容，二进制类型字段用于存放图片、声音、视频等二进制文件内容等，这些数据类型与 Python 的数据类型的对照表如表 9-4 所示。

表 9-4　　　　　　　　　　　　SQLite3 的主要数据类型与 Python 的数据类型对比

SQLite 类型	Python 类型	说　　明
NULL	None	空值
INTEGER	int	整数
REAL	float	浮点数
TEXT	str	文本
BLOB	bytes	二进制

在数据库系统实施前，通常要设计好每一个表的结构，包括每个表的字段名、字段类型、是否是主键、默认值、数据的约束条件等。以上图书表、读者表和借书表的结构设计分别如表 9-5、表 9-6 和表 9-7 所示。

表 9-5　　　　　　　　　　　　图书表的结构

字　段　名	字　段　类　型	说　　明
书号	INTEGER	主键
书名	TEXT	
作者	TEXT	
出版社	TEXT	
定价	REAL	默认为 0
出版日期	TEXT	

表 9-6	读者表的结构	
字 段 名	字 段 类 型	说 明
借书证号	INTEGER	主键
姓名	TEXT	
班级	TEXT	

表 9-7	借书表的结构	
字 段 名	字 段 类 型	说 明
借书证号	INTEGER	主键
书号	INTEGER	主键
借书日期	TEXT	默认为当日

2. SQLite3 的运算符

SQLite 支持如下的二元运算符，按优先级由高至低排列。

- 字符串运算：‖ 字符串连接
- 算术运算：* 乘、 / 除、 %求余、 + 加、 -减
- 位 运 算： << 左移、>> 右移、& 按位与、 | 按位或
- 条件运算： < 小于、<= 小于等于、 > 大于、>= 大于等于、 = == 等于、!= <>不等于
- 逻辑运算：IN 逻辑判断字段在集合内、 AND 逻辑与、 OR 逻辑或、BETWEEN 逻辑之间所支持的一元运算符有：- 正、 + 负、 ! 反、 ~ 反、NOT 逻辑反。

3. SQLite3 的主要函数

SQLite3 提供了单值函数和聚类函数两类函数。所谓单值函数即获取一个或多个单项值的函数。所谓聚类函数即获得个数、求和、求平均值等统计结果的函数。具体包括如下。

- abs(X)，返回参数 X 的绝对值。
- length(X)，返回 X 的长度，以字符计。如果 SQLite 被配置为支持 UTF-8，则返回 UTF-8 字符数而不是字节数。
- round(X)、round(X ,Y)，将 X 四舍五入，保留小数点后 Y 位。若忽略 Y 参数，则默认其为 0。
- substr(X ,Y ,Z)，返回输入字符串 X 中以第 Y 个字符开始，Z 个字符长的子串。X 最左端的字符序号为 1。若 Y 为负，则从右端数起。若 SQLite 被配置为支持 UTF-8，则"字符"代表的是 UTF-8 字符而非字节。
- avg(X)，返回一组数据中非空的 X 的平均值，非数字值作 0 处理。即使所有的输入变量都是整数，avg()的结果也总是一个浮点数。
- count(X)、count(*)，返回一组数据中 X 是非空值的次数（第一种形式）。第二种形式（不带参数）返回该组数据的行数。
- max(X)，返回一组数据中的最大值。大小由常用排序法决定。
- min(X)，返回一组数据中最小的非空值。大小由常用排序法决定。仅在所有值为空时返回 NULL。
- sum(X)、total(X)，返回一组数据中所有非空值的数字和。若没有非空行，sum()返回 NULL 而 total()返回 0.0。total()的返回值为浮点数，sum()可以为整数，当所有非空输入均为整数

时和是精确的。若 sum() 的任意一个输入既非整数也非 NULL 或计算中产生整数类型的溢出时，sum() 返回接近真和的浮点数。

9.2.2　SQLite3 的主要 SQL 语句

SQLite3 中的 SQL 语言的主要语法包括建表、删表，增加数据、删除数据、修改数据和查询数据。

1.　建表

建立一张新表的格式如下：

```
CREATE TABLE [IF NOT EXISTS ] 表名 (
        字段名 字段类型 [AUTOINCREMENT ] [DEFAULT 缺省值]
        [, ...]
        [,PRIMARY KEY ( 主键 )]
        [,FOREIGN KEY(外键字段名) REFERENCES 主表(主键字段名)]
        );
```

其中，使用 AUTOINCREMENT 对字段设置自动编号，DEFAULT 对字段设置缺省值，PRIMARY KEY 设置表的主键，可以是一个字段也可以是多个字段，用逗号隔开，FOREIGN KEY 后跟本从表的外键字段名，REFERENCES 后跟主表的主键字段名，方括号表示"可选"。

例如，建立"读者表"的 SQL 语句如下：

```
CREATE TABLE IF NOT EXISTS 读者表 (
        借书证号 INTEGER, 姓名    TEXT, 班级      TEXT,
        PRIMARY KEY(借书证)
        );
```

2.　删除表

删除一张表的格式如下：

```
DROP TABLE [IF EXISTS] 表名;
```

其中，使用 IF EXISTS 判断表是否存在，若存在则删除，否则不做任何事情。

例如，删除"读者表"的 SQL 语句如下：

```
DROP TABLE IF EXISTS 读者表;
```

3.　增加数据

增加一条数据记录的格式如下：

```
INSERT INTO 表名 [( 字段列表 ) ] VALUES( 字段值列表);
```

其中，表名后是字段列表，用逗号隔开，VALUES 后是需要添加的字段值列表，值列表和字段列表在类型和顺序上要一致，字段列表包含所有字段且顺序与建表一致时可以省略。

例如，向"读者表"增加四条记录的 SQL 语句分别如下：

```
INSERT INTO 读者表 VALUES(12305, '张之焕', '机械1318');
INSERT INTO 读者表 VALUES(63108, '李红', '电气1216');
INSERT INTO 读者表 VALUES(49529, '王可詹', '能动1120');
INSERT INTO 读者表 VALUES(49530, '王可詹', '能动1120');
```

4.　修改数据

修改一条数据记录的格式如下：

```
UPDATE   表名   SET 字段名=值[, ...]   [WHERE 条件];
```

其中，SET 表示将字段的值改为新值，WHERE 后是修改条件，可以同时改变多个字段的值，用逗号隔开。

例如，修改"读者表"的一条记录中的李红为李宏，SQL 语句如下：

```
UPDATE 读者表  set 姓名='李宏' WHERE 姓名='李红';
```

5. 删除数据

删除数据记录的格式如下：

```
DELETE FROM 表名 [WHERE 条件];
```

其中，WHERE 后是删除条件，若没有条件时，删除所有记录。

例如，删除"读者表"中借书证号是"49530"的记录，SQL 语句如下：

```
DELETE FROM 读者表 WHERE 借书证号=49530;
```

6. 查询数据

查询数据的格式如下：

```
SELECT 字段名列表 FROM 表名
        [WHERE 条件]
        [ORDER BY 字段]
        [LIMIT 记录数 [( OFFSET | , ) 开始记录号]];
```

其中，WHERE 后是查询条件，ORDER BY 是对结果进行排序，LIMIT 表示只显示指定范围的记录。

例如，对"读者表"作如下查询：①全部记录按班级排序；②机械班的读者；③读者数量。SQL 语句分别如下：

```
SELECT  * FROM 读者表 ORDER BY 班级;
SELECT  * FROM 读者表 WHERE 班级 LIKE '机械*';
SELECT  COUNT(*) FROM 读者表;
```

其中 SELECT 后的"*"表示"所有"，"机械*"中的"*"代表这儿可以是任意个任何字符。

9.3 Python 的 SQLite3 数据库编程

Python 语言专门提供了 sqlite3 模块用来访问 SQLite3 数据库，主要通过在 Python 语言中调用 SQL 语句来完成建立数据库连接、建表、对数据进行增删改查等操作。

9.3.1 建表和数据的增删改方法

首先引入 sqlite3 模块，然后建立数据库的连接对象，假定数据库文件为"library.db"，如果数据库不存在则新建一个，如果数据库存在则打开并建立连接。

1. 模块的引入和数据库连接

```
import sqlite3                              #导入 sqlite3 数据库模块
con = sqlite3.connect('library.db ')    #建立连接
```

也可以使用内存数据库以提高数据库的访问速度，但不能永久保存，内存数据库名写为":memory:"，此时模块引入和数据库连接的写法改为：

```
import sqlite3
conn = sqlite3.connect(':memory: ')
```

2. 建立游标对像

游标可以理解为一种指示标志，通过它指出要操作的数据。一旦建立好数据库连接，就可以进一步建立连接对象上的数据库游标（Cursor）对象，并调用游标对象的 execute()方法执行各式各样的 SQL 语句了。建立游标对象的写法如下：

```
cursor= conn.cursor()
```

3. 执行 SQL 语句操作数据

（1）建立读者表的 Python 语句如下：

```
cursor.execute("CREATE TABLE IF NOT EXISTS 读者表 ( \
    借书证号 INTEGER, \
    姓名 TEXT, \
    班级 TEXT, \
    PRIMARY KEY(借书证号)) ;"
    )
```

包括一张读者表，含三个字段。注意，其中的\为续行符。

（2）向数据库中依次增加四条读者数据的 Python 语句如下：

```
cursor.execute("INSERT  INTO 读者表 VALUES(12305, '张之焕', '机械1318');")
cursor.execute("INSERT  INTO 读者表 VALUES(63108, '李红', '电气1216');")
cursor.execute("INSERT  INTO 读者表 VALUES(49529, '王可詹', '能动1120');")
cursor.execute("INSERT  INTO 读者表 VALUES(49530, '王可詹', '能动1120');")
```

（3）修改数据库中的读者表的一条记录中的李红为李宏的语句如下：

```
cursor.execute("UPDATE 读者表  set 姓名='李宏'  WHERE 姓名='李红'; ")
```

（4）删除数据库中的读者表的最后一条记录的语句如下：

```
cursor.execute("DELETE  FROM 读者表 WHERE 借书证号=49530; ")
```

（5）可以通过带"?"参数的 SQL 语句进行读者表的数据的增加。例如：

```
cursor.execute("INSERT INTO 读者表 VALUES (?,?,?)", [(12305, '张之焕', '机械1318')])
```

其中的三个问号会自动分别被 12305、 '张之焕'、 '机械1318'替换。

（6）还可以通过带"?"参数的 SQL 语句批量进行读者表的多条数据的增加，此时需要调用 executemany()方法，Python 语句如下：

```
datas=[(12306, '朱丽娟', '机械1318' ),
    (12307, '马小娜', '机械1318' ),
    (12308, '马少飞', '机械1318' ) ]
cursor.executemany("INSERT INTO 读者表 VALUES (?,?,?);",  datas)
```

4. 提交更改和关闭连接

使用连接对象的 commit()方法提交刚才作的修改，并使用连接对象的 close ()方法关闭打开的数据库连接。Python 语句如下：

```
conn.commit()
conn.close()
```

9.3.2　数据的查询方法

每一个操作 SQLite 数据库的程序都需要引入 sqlite3 模块、打开数据库、建立数据库游标对象。如：

```
import sqlite3
conn = sqlite3.connect(' library.db ')
cursor = conn.cursor()
```

设数据库中已有数据。下面介绍如何进行数据库中信息的查询：①通过游标对象的 execute() 方法执行 SQL 语句进行数据查询；②通过游标对象的 fetchone()方法获取一条查询结果。Python 语句如下：

```python
cursor.execute("SELECT  * FROM 读者表 ORDER BY 班级;")    #使用游标对象的 execute 方法查询
row=cursor.fetchone()                #获取一条查询结果
print(row)                           #显示结果
row=cursor.fetchone()                #获取下一条结果
print(row[0],row[1],row[2])          #显示前三列
print(cursor.fetchone())             #获取并显示下一条查询结果
```

或

```python
row=cursor.fetchone()
while(row!=None)
    print(row)
```

③ 使用游标对象的 fetchall()方法可获取全部查询结果。Python 语句如下：

```python
rows=cursor.fetchall()
print(rows)
```

也可以通过带 "?" 参数的 SQL 语句进行读者表的数据查询，Python 语句如下：

```python
t = ('机械1318',)
cursor.execute (''SELECT* FROM 读者表 WHERE 班级=?'',t)
print( cursor.fetchall() )
```

还可以通过迭代器循环获取全部查询结果，Python 语句如下：

```python
resultset=cursor.execute("SELECT  * FROM 读者表 ORDER BY 班级;")
for row in resultset:
    print(row)
```

最后使用连接对象的 close ()方法关闭打开的数据库连接，Python 语句如下：

```python
conn.close()
```

9.4 本 章 实 例

1. 表的创建、数据插入和单表查询

【例 9-1】在数据库 "library.db" 中除了建立好读者表之外，再建立一张图书表，并增加图书表的数据，进行图书书目清单、图书数量和定价大于 70 元的图书等简单的查询。

【解】读者表包含六个字段，分别是："书号" 为 INTEGER 类型、"书名" 为 TEXT 类型、"作者" 为 TEXT 类型、"出版社" 为 TEXT 类型、"定价" 为 REAL 类型，"出版日期" 为 TEXT 类型，其中 "书号" 定义为主键，从而得出建立图书表的 CREATE 语句如下：

```python
CREATE TABLE IF NOT EXISTS 图书表(
        书号 INTEGER,
        书名 TEXT,
        作者 TEXT,
        出版社 TEXT,
        定价 REAL,
        出版日期 TEXT,
```

```
        PRIMARY KEY(书号)
);
```

建立好图书表后，可以使用 INSERT 增加图书表的三条数据，增加数据的 INSERT 语句如下：

```
    INSERT  INTO  图书表  VALUES('111394136','Python 入门经典','庞奇','机械工业出版社',79,'2012.2');
    INSERT  INTO  图书表  VALUES('115230270','Python 基础教程','赫特兰','人民邮电出版社',69,'2010.8');
    INSERT  INTO  图书表  VALUES('302273608','Python 科学计算','张若愚','清华大学出版社',98,'2012.7');
```

图书表的数据有了以后，就可以进行查询了，查询的 SELECT 语句如下：

（1）图书书目清单查询：SELECT * FROM 图书表;

（2）图书数量查询：SELECT COUNT(*) FROM 图书表;

（3）定价大于 70 元的图书查询：SELECT * FROM 图书表 WHERE 定价>70。

为了灵活，在图书表建表之前还可以执行如下的删表语句：

```
DROP TABLE IF EXISTS 图书表;
```

综合以上的诸多 SQL 语句，可以写出完整的 Python 程序代码。

【程序代码】

```python
import sqlite3
conn = sqlite3.connect('library.db')
print("数据库连接成功! ")
cursor = conn.cursor()
cursor.execute("DROP TABLE IF EXISTS 图书表;")
print("图书表删除成功! ")
cursor.execute("CREATE TABLE IF NOT EXISTS 图书表( \
        书号 INTEGER, \
        书名 TEXT, \
        作者 TEXT, \
        出版社 TEXT, \
        定价 REAL, \
        出版日期 TEXT, \
        PRIMARY KEY(书号) \
        );"
)
print("图书表建立成功! ")

cursor.execute("INSERT INTO 图书表 VALUES(111394136,'Python 入门经典','庞奇','机械工业出版社',79,'2012.2');")
cursor.execute("INSERT INTO 图书表 VALUES(115230270,'Python 基础教程','赫特兰','人民邮电出版社',69,'2010.8');")
cursor.execute("INSERT INTO 图书表 VALUES(302273608,'Python 科学计算','张若愚','清华大学出版社',98,'2012.7');")
print("图书表输入增加成功! ")

conn.commit()
print("图书表提交成功! ")
```

```
resultset=cursor.execute("SELECT * FROM 图书表;")
for row in resultset:
    print(row)
cursor.execute("SELECT COUNT(*) FROM 图书表;")
row= cursor.fetchone()
print(row)
resultset=cursor.execute("SELECT * FROM 图书表 WHERE 定价>70;")
for row in resultset:
    print(row)
print("图书表查询完成! ")
conn.close()
print("数据库连接关闭! ")
```

【运行结果】

```
数据库连接成功!
图书表删除成功!
图书表建立成功!
图书表输入增加成功!
图书表提交成功!
(111394136, 'Python 入门经典', '庞奇', '机械工业出版社', 79.0, '2012.2')
(115230270, 'Python 基础教程', '赫特兰', '人民邮电出版社', 69.0, '2010.8')
(302273608, 'Python 科学计算', '张若愚', '清华大学出版社', 98.0, '2012.7')
(3,)
(111394136, 'Python 入门经典', '庞奇', '机械工业出版社', 79.0, '2012.2')
(302273608, 'Python 科学计算', '张若愚', '清华大学出版社', 98.0, '2012.7')
图书表查询完成!
数据库连接关闭!
```

【扩展思考】如何对图书表进行批量修改和批量增加数据？

2. 定义外键

【例 9-2】在数据库"library.db"中除了建立好的读者表和图书表之外，再建立一张借书表，并增加借书表的数据，进行借书清单、借书数量和借书证号 63108 所借书等简单的查询。

【解】借书表包含三个字段，分别是："借书证号"为 INTEGER 类型，"书号"为 INTEGER 类型，"借书日期"为 TEXT 类型，其中"借书证号"和"书号"定义为主键，"借书证号"和"书号"又分别是读者表的"借书证号"和图书表的"书号"的外键，从而得出建立借书表的 CREATE 语句如下：

```
CREATE TABLE IF NOT EXISTS 借书表 (
        借书证号 INTEGER,
        书号 INTEGER,
        借书日期 TEXT,
        PRIMARY KEY(借书证号, 书号),
FOREIGN KEY(借书证号) REFERENCES 读者表(借书证号),
FOREIGN KEY(书号) REFERENCES 图书表(书号)
);
```

建立好借书表后，可以使用 INSERT 增加借书表的三条数据，语句如下：

```
INSERT INTO 借书表 VALUES(12305,111394136,'2015.4.20');
```

```
INSERT INTO 借书表 VALUES(63108,115230270,'2015.3.8');
INSERT INTO 借书表 VALUES(63108,111394136,'2015.3.8');
```

借书表的数据有了以后，就可以进行查询了，查询的 SELECT 语句如下：

（1）借书清单查询：SELECT * FROM 借书表;

（2）借书数量查询：SELECT COUNT(*) FROM 借书表;

（3）借书证号 63108 所借书查询：SELECT * FROM 图书表 WHERE 借书证=63108。

为了灵活，在借书表建表之前还可以执行如下的删表语句：

```
DROP TABLE IF EXISTS 借书表;
```

综合以上的诸多 SQL 语句，可以写出完整的 Python 程序代码。

【程序代码】

```python
import sqlite3
conn = sqlite3.connect('library.db')
print("数据库连接成功! ")
cursor = conn.cursor()
cursor.execute("DROP TABLE IF EXISTS 借书表;")
print("借书表删除成功! ")
cursor.execute("CREATE TABLE IF NOT EXISTS 借书表( \
        借书证号 INTEGER, \
        书号 INTEGER, \
        借书日期  TEXT, \
        PRIMARY KEY(借书证号,书号), \
        FOREIGN KEY(借书证号) REFERENCES 读者表(借书证号), \
        FOREIGN KEY(书号) REFERENCES 图书表(书号) \
        );"
)
print("借书表建立成功! ")

cursor.execute("INSERT INTO 借书表 VALUES(12305,111394136,'2015.4.20');")
cursor.execute("INSERT INTO 借书表 VALUES(63108,115230270,'2015.3.8');")
cursor.execute("INSERT INTO 借书表 VALUES(63108,111394136,'2015.3.8');")
print("借书表输入增加成功! ")
conn.commit()
print("借书表提交成功! ")

resultset=cursor.execute("SELECT * FROM 借书表;")
for row in resultset:
    print(row)
cursor.execute("SELECT COUNT(*) FROM 借书表;")
row= cursor.fetchone()
print(row)
resultset=cursor.execute("SELECT * FROM 借书表 WHERE 借书证号=63108;")
for row in resultset:
    print(row)
print("借书表查询完成! ")
conn.close()
print("数据库连接关闭! ")
```

【运行结果】

```
数据库连接成功!
借书表删除成功!
借书表建立成功!
借书表输入增加成功!
借书表提交成功!
(12305, 111394136, '2015.4.20')
(63108, 115230270, '2015.3.8')
(63108, 111394136, '2015.3.8')
(3,)
(63108, 111394136, '2015.3.8')
(63108, 115230270, '2015.3.8')
借书表查询完成!
数据库连接关闭!
```

【扩展思考】如何对借书表分别进行关于读者和图书的分类统计？

3. 多表查询

【例 9-3】假定在数据库"library.db"中已经建立好了读者表、图书表和借书表，编程查询如下信息：

（1）列出完整的借书信息，包括哪本书、被谁借、借书日期等。

（2）借了书的读者清单。

（3）还没有被借的书的清单。

【解】

（1）列出完整的借书信息的 SELECT 语句如下：

```
SELECT B.*,C.*,A.借书日期 FROM 借书表 AS A,读者表 AS B,图书表 AS C
WHERE A.借书证号=B.借书证号 AND A.书号=C.书号;
```

其中 A、B、C 分别为借书表、读者表和图书表的别名，B.*、C.*表示 B 中所有字段和 C 中所有字段。

（2）借了书的读者清单的 SELECT 语句如下：

```
SELECT A.* FROM 读者表 AS A
WHERE A.借书证号 IN (SELECT B.借书证号 FROM 借书表 AS B);
```

（3）还没有被借的书的清单的 SELECT 语句如下：

```
SELECT A.* FROM 图书表 AS A
WHERE A.书号 NOT IN (SELECT B.书号 FROM 借书表 AS B);
```

【程序代码】

```python
import sqlite3
conn = sqlite3.connect('library.db')
print("数据库连接成功! ")
cursor = conn.cursor()

print("完整的借书信息: ")
resultset=cursor.execute("SELECT B.*,C.*,A.借书日期 \
    FROM 借书表 AS A,读者表 AS B,图书表 AS C \
    WHERE A.借书证号=B.借书证号 AND A.书号=C.书号;" \
    )
for row in resultset:
```

```
    print(row)
print("借了书的读者清单: ")
resultset=cursor.execute("SELECT A.* FROM 读者表 AS A \
    WHERE A.借书证号 IN (SELECT B.借书证号 FROM 借书表 AS B);")
for row in resultset:
    print(row)
print("还没有被借的书清单: ")
resultset=cursor.execute("SELECT A.* FROM 图书表 AS A \
    WHERE A.书号 NOT IN (SELECT B.书号 FROM 借书表 AS B);")
for row in resultset:
    print(row)
print("查询完成! ")
conn.close()
print("数据库连接关闭! ")
```

【运行结果】

```
数据库连接成功!
完整的借书信息:
 (12305, '张之焕', '机械 1318', 111394136, 'Python 入门经典', '庞奇', '机械工业出版社', 79.0,
'2012.2', '2015.4.20')
 (63108, '李红', '电气 1216', 115230270, 'Python 基础教程', '赫特兰', '人民邮电出版社', 69.0,
'2010.8', '2015.3.8')
 (63108, '李红', '电气 1216', 111394136, 'Python 入门经典', '庞奇', '机械工业出版社', 79.0,
'2012.2', '2015.3.8')
借了书的读者清单:
 (12305, '张之焕', '机械 1318')
 (63108, '李红', '电气 1216')
还没有被借的书的清单:
 (302273608, 'Python 科学计算', '张若愚', '清华大学出版社', 98.0, '2012.7')
查询完成!
数据库连接关闭!
```

【扩展思考】如何进一步实现一个简易的借还书系统?

习　题　9

一、选择题（多选）

1. 关系数据库管理系统软件包括（　　　）。

   A. Oracle   B. MySQL   C. Windows   D. SQLite

2. SQLite 的优点是（　　　）。

   A. 占用资源非常低   B. 处理速度较快

   C. 跨操作系统平台   D. 适合大型企业

3. SQLite3 的基本数据类型有（　　　）。

   A. Object   B. INTEGER   C. REAL   D. TEXT

4. 以下（　　　）是 SQL 语言的语句关键词。

   A. ELECT   B. CLASS   C. UPDATE   D. DELETE

   E. WHILE   F. INSERT   G. CREATE

5. Python 语言中访问 SQLite3 数据库的几个关键方法是（　　　　）。

    A. connect()　　　　　B. cursor()　　　　　C. execute()

    D. fetchone()　　　　　E. commit()　　　　　F. close()

二、编程题

1. 编写程序，管理通信录。数据保存在数据库中，可以添加一条记录，可以按姓名查询、修改、删除一条记录，可以浏览记录。

2. 编写程序，管理一门课程的成绩单。记录的字段包括班级、学号、姓名和成绩。程序功能包括录入成绩，浏览成绩，按学号查询、修改、删除成绩，可以按班级（或所有）统计最高分、最低分和平均分，可以统计各班 90～100、80～89、70～79、60～69 和不及格等各成绩段的人数。

3. 设计一个数据库"teaching.db"，在其中建立课程表和学生表，课程表包括课程编号、课程名称、任课教师和上课地点等字段；学生表包括学号、姓名和班级等字段；然后增加适当的数据，最后进行一些基本查询，比如查询课程清单、课程门数、某门课是否存在，学生清单、学生数量、某位学生信息是否存在等。

4. 在设计好的数据库"teaching.db"中再建立一个选课表，包括学号、课程编号和考试成绩等字段；然后增加适当的数据，最后进行一些基本查询，比如查询选课信息完整清单、选课人次、选课人数、某门课的选课人数，某位学生的选课情况等。

5. 在设计好的数据库"teaching.db"上模拟简易的选课、改选和退选过程，并完成一些综合查询，比如列出完整的选课信息、哪些学生选了课、哪些课目前还没有被选等。

第 **10** 章
网络程序设计

本章主要内容包括网络的基础知识及相关概念，Python 网络应用程序设计的基本框架，如何使用 Python 语言编写基于 TCP/IP 的 Socket 网络应用程序，怎样在 Python 程序中访问 Web 资源，并简介如何使用 Python 建立网站，最后给出网络应用的实例程序。本章所涉及的概念包括网络协议、TCP/IP、Socket、主机和端口等概念，重点是如何使用 Python 编写基于 TCP/IP 的 Socket 客户端/服务器网络通信应用程序，难点是理解 Python 语言中提供的网络通信功能以及网络通信程序的框架结构和编写步骤。

10.1　Socket 网络编程

10.1.1　网络基础知识

计算机网络是指将地理位置不同且具有独立功能的多台计算机及其外部设备通过通信线路连接起来，并在网络操作系统、网络管理软件及网络通信协议的管理和协调下，实现资源共享和信息传递的计算机系统。一个完整的计算机网络系统是由网络硬件和网络软件所组成的，其中网络硬件一般指网络中的计算机、传输介质和网络连接设备等，是计算机网络系统的物理实现；网络软件一般指网络操作系统、网络通信协议和网络应用软件等，是计算机网络系统中的技术支持，两者相互作用，共同完成网络功能。计算机网络的主要功能是实现不同计算机之间的资源共享、网络通信和对计算机的集中管理，以及负荷均衡、分布处理和提高系统安全与可靠性等。不管网络硬件如何以及网络操作系统是什么，通过网络通信协议就可以实现网络的连接、通信与资源共享，因此网络通信协议在网络软件中是至关重要的。可以将网络通信协议看作一种网络通用语言，它为连接不同操作系统和不同硬件体系结构的网络提供通信翻译。TCP/IP 是目前因特网中使用的一组网络通信协议，其中常见的具体协议包括：TCP（有连接传输控制协议）、IP（网际协议）、HTTP（超文本传输协议）、SMTP（简单邮件传输协议）、POP（邮局协议）、DNS（域名服务协议）、FTP（文件传输协议）和 UDP（无连接数据报协议）等。

在进行网络程序设计时，经常提到 Socket 的概念。所谓 Socket 其英文原义是"孔"或"插座"的意思，在网络通信中一般称为"套接字"。当网络上的两个程序通过一个双向的通信连接实现数据交换时，连接的每一端称为一个 Socket。操作系统为每一个完整的 Socket 分配一个本地唯一的 Socket 号，每一个 Socket 都有一组相关的协议、本地 IP 地址和本地端口。使用 Socket 可以建立客户/服务器的通信模式，解决进程之间建立通信连接的问题。

当一个客户端程序需要连接服务器时，它必须采用一种恰当方式以识别要连接的服务器，既要知道可以连接的主机服务器所在的主机的网络 IP 地址，又要知道服务器上运行的是哪个进程来提供所需要的特定服务，因此通信服务器和客户端各有自己一侧端口，IP 地址与主机相关联，端口与进程相关联。比如在因特网上的主机一般运行了多个服务软件来同时提供多种服务，每种服务都需要打开一个 Socket，并绑定到一个端口上，不同的端口支持不同的服务。因特网上的常规服务有约定的端口，如 HTTP 服务的端口一般是 80，SMTP 服务的端口是 25，FTP 服务的端口是 20 和 21 等。在自己编写的网络通信程序中，一般建议将端口设定为 1024～65535 之间的整数，以免与标准协议的约定端口冲突。

10.1.2　Socket 编程

Python 语言提供的网络通信功能分两大模块：一种是 socket 模块，它提供标准的 Socket 网络通信功能，主要以函数方式设计；另一种是 socketserver 模块，以面向对象的方式提供，从而简化了网络服务器的开发。这里仅介绍 socket 模块的使用方法。

1. socket 的有关函数

在进行网络通信之前，首先需要通过 socket 初始化函数指定 Socket 类型以建立 Socket 对象，socket 函数的格式为：

```
socket(family,type[,protocol])
```

其中第一个参数 family 表示地址家族，常用取值为 AF_INET 或 AF_UNIX。AF_INET 家族包括 Internet 地址，AF_UNIX 家族用于同一台机器上的进程间通信。第二个参数 type 表示套接字类型，一般取值为 SOCK_STREAM 或 SOCK_DGRAM。SOCK_STREAM 主要用于 TCP 通信的流式套接字，SOCK_DGRAM 主要用于 UDP 通信的数据报套接字。第三个参数 protocol 一般可以省略，默认值为 0。

Python 语言提供的 socket 模块常用函数如表 10-1、表 10-2 和表 10-3 所示。

表 10-1　　　　　　　　　　　　　　　服务器端的 socket 函数

函 数 格 式	说　　明
s.bind(address)	将套接字绑定到地址，在 AF_INET 下,以元组（host,port）的形式表示地址。s 为 socket 对象
s.listen(backlog)	开始监听 TCP 连接，backlog 指定网络的最大连接数量
s.accept()	接受 TCP 连接并返回（conn,address）,其中 conn 是新的套接字对象，用于接收和发送数据，address 是连接客户端的地址

表 10-2　　　　　　　　　　　　　　　客户端的 socket 函数

函 数 格 式	说　　明
s.connect(address)	连接到 address 处。一般 address 的格式为元组（host,port），其中 host 为服务器主机地址，port 是服务器进程端口号。如果连接出错，返回 socket.error 错误
s.connect_ex(adddress)	功能与 connect(address)相同，但是成功返回 0，失败返回 errno 的值

表 10-3　　　　　　　　　　　　　　　公共 socket 函数

函 数 格 式	说　　　明
s.recv(bufsize[,flag])	接收 TCP 数据。数据以字符串形式返回，bufsize 指定要接收的最大数据量，flag 提供有关消息的其他信息，通常可以省略
s.send(bytes[,flag])	发送 TCP 数据。将 bytes 中的数据发送到连接的套接字。返回值是实际发送的字节数，该值可能小于 bytes 的字节数
s.sendall(bytes[,flag])	完整发送 TCP 数据。将 bytes 中的数据发送到连接的套接字，但在返回之前会尝试发送所有数据。成功返回 None，失败则抛出异常
s.recvfrom(bufsize[，flag])	接收 UDP 套接字的数据。与 recv()类似，但返回值是（data,address）。其中 data 是包含接收数据的字符串，address 是发送数据的套接字地址
s.sendto(bytes[,flag],address)	发送 UDP 数据。将数据发送到 address，address 是形式为（ipaddr，port）的元组，指定远程地址，返回值是发送的字节数
s.close()	关闭套接字
s.getpeername()	返回连接套接字的远程地址，返回值通常是元组（ipaddr,port）
s.getsockname()	返回套接字自己的地址，通常是一个元组(ipaddr,port)
s.setsockopt(level,optname,value)	设置给定套接字选项的值
s.getsockopt(level,optname[.buflen])	返回套接字选项的值
s.settimeout(timeout)	设置套接字操作的超时期。timeout 是一个浮点数，单位是秒。值为 None 表示没有超时期。一般，超时期应该在刚创建套接字时设置，因为它们可能用于连接的操作（如 connect()）
s.gettimeout()	返回当前超时期的值，单位是秒，如果没有设置超时期，则返回 None
s.fileno()	返回套接字的文件描述符
s.setblocking(flag)	如果 flag 为 0，则将套接字设为非阻塞模式，否则将套接字设为阻塞模式（默认值）。非阻塞模式下，如果调用 recv()没有发现任何数据，或 send()调用无法立即发送数据，那么将引起 socket.error 异常
s.makefile()	创建一个与该套接字相关联的文件

使用 socket 进行网络通信编程时，可以采用两种方式：一种方式是传输控制协议，即 TCP。采用这种方式时在通信之前一定要建立一条连接，它是一种按顺序的、可靠的、不重复的数据传输。每一份要发送的信息都会拆分成多份，而每份都会不多不少并及时到达目的地后重新按顺序拼装起来，传给正在等待的应用程序。如果需要创建 TCP 套接字，必须在创建的时候指定套接字的类型为 SOCK_STREAM。还有另一种方式是无连接数据报协议，即 UDP，这时双方无需建立连接就可以进行通信，但是数据到达的顺序、可靠性及数据无重复性无法得到保证，即数据不一定会按照其原有发送的顺序到达，也可能还到达不了，还可能被重传。数据会保留在数据边界，而不会像 TCP 那样被拆分为小块。如果需要创建 UCP 套接字，必须在创建的时候指定套接字的类型为 SOCK_DGRAM。由于 TCP 需要提供一些维持虚电路连接的开销，UDP 没有这方面的负担，所以 UDP 能提供更好的性能，适合于某些应用场合（如音视频传输），但因为 TCP 的可靠性而在使用上非常普遍。

2. 使用 TCP 通信的步骤

下面仅以 TCP 方式为例对通信双方即服务器端/客户端的通信过程作一简单描述。

（1）创建一个 TCP 网络通信服务器端的步骤。

① 使用 socket()函数创建服务器端 socket 套接字，起名为 ss；

② 使用 ss.bind()函数把 IP 地址绑定到这个套接字上；

③ 使用 ss.listen()函数监听客户端的连接；

④ 使用 ss.accept()函数等待并接收客户端的 socket 连接套接字，起名为 cs；

⑤ 使用 ss.sendall()函数向客户端发送新信息；

⑥ 使用 ss.recv()函数接收客户端发送的信息；

⑦ 使用 cs.close()函数关闭所接收的客户端套接字 cs，此时客户端断开通信；

⑧ 使用 ss.close()函数关闭服务器端套接字 ss，此时服务器通信程序退出。

（2）创建一个 TCP 网络通信客户端的步骤。

① 使用 socket()函数创建客户端 socket 套接字，起名为 cs；

② 使用 cs.connect()函数尝试连接到服务器套接字上；

③ 使用 ss.recv()函数接收服务器端发送的信息；

④ 使用 ss.sendall()函数向服务器端发送新信息；

⑤ 使用 cs.close()函数关闭客户端套接字 cs，此时客户端断开网络通信，但服务器断未必退出。

客户断与服务器通信的套接字框架如图 10-1 所示。

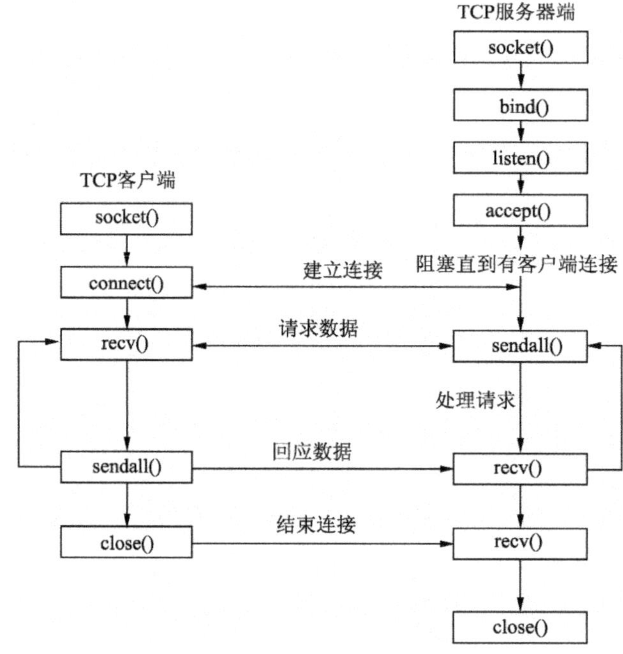

图 10-1　socket 网络通信编程框架

3. TCP 通信过程

在图 10-1 中，不管是服务器端还是客户端，所有套接字都用 socket()函数创建，服务器需要"坐在某个端口上"等待客户端的请求，并需要使用 bind()函数绑定到一个本地地址上。TCP 服务器使用 listen()函数负责监听连接，设置完，服务器就可以进行无限循环了。服务器会调用 accept()阻塞式函数等待连接，程序一直处于挂起状态。一旦接收到某个客户端的连接，accept()函数就会返回一个单独的客户套接字用于后续的通信。在客户端有了套接字之后，调用 connect()函数去连接服务器，连接完服务器后，就可以与服务器进行对话，对话结束之后需要关闭套接字结束连接。

4. TCP 通信编程

下面通过例子分别介绍 TCP 服务器端和客户端的网络通信程序的代码设计。

（1）TCP 服务器端程序

```python
from socket import *              #引入 socket 整个模块
from time import ctime            #引入 time 模块中的 ctime 函数

HOST = ''                         #绑定全部服务器 IP
PORT = 4700                       #端口为 4700
BUFSIZ = 1024                     #缓冲大小 1KB
ADDR = (HOST,PORT)

ss = socket(AF_INET, SOCK_STREAM,0)        #建立 TCP 套接字
ss.bind(ADDR)                     #套接字与 IP 绑定
ss.listen(20)                     #最大连接数为 20

while True:
    print('等待客户连接...\r\n')
    cs,caddr = ss.accept()        #等待与接收客户端套接字
    print('...连接来自于: ', caddr)

    data='欢迎你的到来!\r\n'
    cs.sendall(bytes(data,'UTF-8'))            #向客户端发送欢迎信息
    data = cs.recv(BUFSIZ).decode('UTF-8')     #接收客户端发送的信息
    if not data:
        break
    data='[%s] %s\r\n'%(ctime(),data)
    cs.sendall(bytes(data,'UTF-8'))            #向客户端发送新的信息
    print(data)
    cs.close()                    #关闭客户端套接字

ss.close()                        #关闭服务器端套接字
```

（2）TCP 客户端程序

```python
from socket import *              #引入 socket 整个模块

HOST = '127.0.0.1'               #连接的服务器 IP
PORT = 4700                       #端口为 4700
BUFSIZ = 1024                     #缓冲大小 1KB
ADDR = (HOST, PORT)

cs = socket(AF_INET, SOCK_STREAM,0)        #建立 TCP 套接字
cs.connect(ADDR)                  #连接到服务器端套接字

data = cs.recv(BUFSIZ).decode('UTF-8')     #接收服务端发送的欢迎信息
if data:
    print(data)
data = '王望之\r\n'
```

```
if data:
    cs.sendall(bytes(data,'UTF-8'))          #向服务端发送新的信息
data = cs.recv(BUFSIZ).decode('UTF-8')       #接收服务端发送的信息
if data:
    print(data)


cs.close()    # 关闭客户端套接字
```

以上程序的服务器端和客户端运行结果分别如图 10-2 所示。

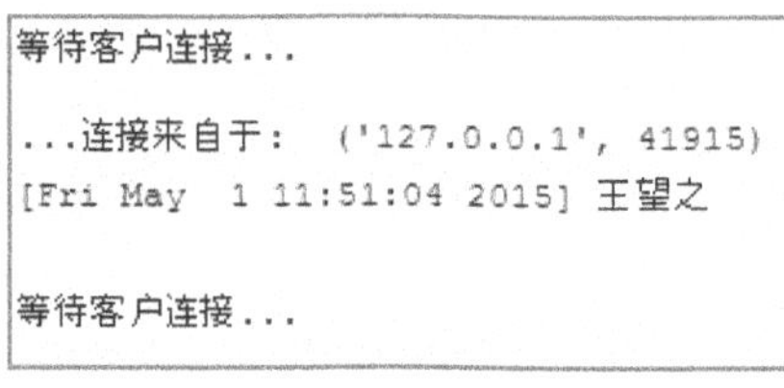

（a）服务器端　　　　　　　　　　　（b）客户端

图 10-2　服务器端与客户端运行结果

10.2　Internet 应用编程

Web 是最常见的因特网应用。Web 应用使用的应用协议是超文本传输协议（HTTP），其传输的主要内容就是网页，使用浏览器显示，其中浏览器就是客户端软件。另有一个称为 Web 服务器的软件在远程提供服务。服务器软件使用的端口号一般是 80，使用的网络传输协议一般是 TCP。

在 HTTP 中所请求的资源由统一资源定位符（一般称为 URL）来标识，就是浏览器地址栏中的网址。URL 的格式一般包括四个部分：协议、主机地址、端口和资源文件名，比如："http://www.edu.cn:80/default.html" 就是一个 URL 网址，其中 http 是协议，www.edu.cn 是主机地址，80 是端口号，/default.html 是资源的路径和文件名。

10.2.1　访问 Web 资源

Python 提供 urllib 模块通过 URL 访问 Web 资源。urllib 模块包含 4 个子模块：urllib.request，打开和读取 URL；urllib.parse 解析 URL；urllib.error，urllib.request 引发的异常；urllib.robotparser 解析 robots.txt 文件。这里只简单介绍 urllib.request 的使用。

使用 urllib 模块提供的函数就能像访问本地文件一样来读取因特网上的数据，最重要的两个函数是 urlopen() 和 urlretrieve()。

1. 获取资源

urlopen() 函数创建一个表示远程 URL 的类文件对象，然后像本地文件一样操作这个类文件对象来获取远程数据，格式如下：

```
urllib.urlopen(url[, data[, proxies]])
```

其中，参数 url 表示远程数据的路径或网址，参数 data 表示以 post 方式提交到 url 的数据，参数 proxies 用于设置代理，可以省略。urlopen 函数返回一个类文件对象，这个对象进一步提供了如下一些函数读取获得的信息：read()、readline()、readlines()、fileno() 和 close()，使用方式与文件对

象完全一样。此外还有以下一些函数。

- info()：返回一个 httplib.HTTPMessage 对象，表示远程服务器返回的头信息。
- getcode()：返回 HTTP 状态码。如果是 HTTP 请求，200 表示请求成功完成，404 表示网址未找到。
- geturl()：返回请求的 url。
- urlopen()函数使用的一个简单例子如下：

```
import urllib.request                          #引入包
url='http://www.edu.cn'                        #网址
res=urllib.request.urlopen(url)                #打开网址
print(res.read())                              #读网页资源
```

urlopen()函数使用的较复杂的例子如下：

```
#coding=utf-8
import urllib.request                          #引入包
content=urllib.request.urlopen("http://www.xjtu.edu.cn")        #打开网页
print("http header:",content.info())          #显示网页头
print("http status:",content.getcode())       #显示网页访问状态
print("url:",content.geturl())                #显示网址
i=0;
print("content:")
for line in content.readlines():
    print(line)                               #显示网页内容
    #print(line.decode('utf-8'))              #显示网页内容,对 utf-8 解码，替换上一行试试
    i=i+1
    if i>30:                                  #只显示 30 行
        break
```

2. 保存 Web 资源

urlretrieve()函数直接将远程数据下载到本地。格式如下：

```
urllib.urlretrieve(url[, filename[, reporthook[, data]]])
```

其中，参数 filename 指定了保存到本地文件的路径（未指定时，urllib 会自动生成一个临时文件来保存数据）；参数 reporthook 是一个回调函数，当连接上服务器并且相应的数据块传输完毕的时候会触发该回调函数，即每下载一块就调用一次这个回调函数。程序中可以利用这个回调函数来显示当前的下载进度，也可以用于限速；参数 data 表示 post 到服务器的数据。

urlretrieve()函数返回一个包含两个元素的元组(filename, headers)，其中，filename 表示保存到本地的路径，header 表示服务器的响应头。urlretrieve ()函数使用的例子如下：

```
import urllib.request                          #引入包
content=urllib.request.urlretrieve("http://www.xjtu.edu.cn","1.htm")  #将网页保存到1.htm
print(content)                                 #网页默认保存到当前文件夹下
url="http://www.xa.gov.cn/attached/image/20140704/20140704140040_544_1111927.jpg"
#保存图片到 c:\2013\data\xian.jpg
content=urllib.request.urlretrieve(url,"c:\\2013data\\xian.jpg")
```

除此之外，urllib 中还提供了一些辅助函数，用于对 URL 进行编码、解码。由于 URL 中不允许出现一些有特殊用途的符号，因此如果遇到这些符号就需要编码和解码。比如在以 GET 方式提交数据的时候，会在 URL 中添加 key=value 这样的字符串，在 value 中是不允许直接使用"="的，

因而需要对其进行进一步的编码；与此同时服务器接收到这些参数的时候，要进行解码，还原成原始的数据。此时，这些辅助函数会非常有用。主要的辅助数如下。

- urllib.quote(string[, safe])：对字符串进行编码。其中，参数 safe 指定了不需要编码的字符。
- urllib.unquote(string) ：对字符串进行解码。
- urllib.quote_plus(string[, safe]) ：与 urllib.quote 类似，但这个方法用 "+" 来替换空格，而 quote 用 "%20" 来代替空格。
- urllib.unquote_plus(string) ：对字符串进行解码。
- urllib.urlencode(query[, doseq])：将 dict 或者包含两个元素的元组列表转换成 url 参数。比如，字典{'name': 'dark-bull', 'age': 200}将被转换为 "name=dark-bull&age=200"。
- urllib.pathname2url(path)：将本地路径转换成 URL 路径。
- urllib.url2pathname(path)：将 URL 路径转换成本地路径。

3. 向 Web 服务器传递参数

在浏览器地址栏中输入 "http://search.jd.com/Search?keyword=平板电视&enc=utf-8"，可以在某商城搜索出有关 "平板电视" 的商品，其中的 "keyword=平板电视" 和 "enc=utf-8" 是两个参数，一个是搜索的关键字，另一个是编码方式。

在 Python 程序中，使用参数，可以直接得到结果网页。上面的搜索可以使用下列程序实现：

```python
import urllib.parse
import urllib.request
url = 'http://search.jd.com/Search'                      #URL 地址
values = {'enc':'utf-8',                                  #第 2 个参数
          'keyword' : '笔记本电脑'}                        #第 1 个参数
data = urllib.parse.urlencode(values)                    #参数编码
content = urllib.request.urlopen(url+'?'+data)   #获得结果内容
i=0
for line in content:                                     #显示前 60 行
    print(line.decode('utf-8'))
    i=i+1
    if i>60:
        break;
content=urllib.request.urlretrieve(url+'?'+data,"a2.htm")        #保存到文件
```

10.2.2 邮件客户端编程

一般用户使用邮件的方式是 Web 方式，即登录邮件提供商的网站进行邮件的收发。如果在应用程序中需要邮件收发呢？Python 可以编写邮件收发程序，直接连接到邮件服务器进行邮件的收发，而不需要使用浏览器登录 Web 网站。

Python 的 poplib 模块和 smtplib 模块用于邮件的收发。

1. 使用 POP3 协议接收邮件

POP3 协议是用于从邮件服务器下载邮件的应用协议。使用 poplib 模块包含的 POP3 类，提供连接、登录服务器，传输邮件信息的一系列方法。POP3 的主要方法如下。

- POP3(host,port=POP3_PORT[,timeout]),构造方法，连接 host 邮件服务器,port 是端口号（默认 110），可以省略，timeout 是超时时间（单位为秒），可以省略。
- user(username)   ，发送邮件账号（用户名）。

- pass_(password)　，发送用户密码。
- getwelcome()，返回欢迎信息。
- stat()返回邮箱状态，结果为元组（邮件数量，邮件字节数）。
- list(),返回邮件列表，结果是一个三元组（服务器响应，邮件列表，消息字节数），邮件列表是包含邮件号和邮件大小的字符串。
- retr(i)，返回第 i 封邮件（从最早的开始计数），三元组，（响应信息，邮件的行列表，邮件大小）。
- dele(i)，设置邮件删除标志，调用 quit()时从服务器删除。
- quit()，注销，释放连接。

下面的例子是一个获得邮件的例子。

```
import poplib                        #导入 pop3 类模块
user = 'username'                    #设置用户名（邮箱地址），可以输入
password = 'password'                #设置用户密码，可以输入
host = 'pop.163.com'                 #这是邮件服务器，可以输入

M = poplib.POP3(host)                #创建 pop3 对象
M.user(user)                         #向服务器传用户名
M.pass_(password)                    #向服务器传用户密码
mboxstat=M.stat()                    #获取邮箱状态
print("邮件数量",mboxstat[0])        #显示邮箱的邮件数量
mylist=M.list()                      #获得邮件列表
for i in range(3):#
    print(mylist[1][i])              # 显示前 3 封邮件的号码和大小
numMessages = len(M.list()[1])       #另一种计算邮件数量的方法
print("邮件数量",numMessages)        #
k=1
mailx=M.retr(k)[1]                   #获取第 i 封邮件
i=0
for line in mailx:#
        print(line)                  # 显示邮件的一行
        i=i+1
        if i>=5:                     #控制显示 5 行
            break
M.quit()                             # 关闭连接
```

上述程序的运行结果如下：

```
邮件数量 4422
b'1 6749'
b'1 6749'
b'2 8909'
b'3 13669'
邮件数量 4422
b'From: "=?GB2312?B?eWx6aGFv?=" <ylzhao@ctec.xjtu.edu.cn>'
b'To: "=?GB2312?B?eWx6aGFv?=" <ylzhao@ctec.xjtu.edu.cn>'
b'Subject: =?GB2312?B?1OLT9ryrxrfAz7Dl?='
b'Date: Mon, 10 May 2010 06:20:05 +0800'
b'Mime-version: 1.0'
```

　　由于编码方式的不同，执行上述程序看到的邮件内容可能是乱码。为了解决这一问题，可以使用 Python 的 email 包的 parser（解析）、header（邮件头）、utils（实用程序）等模块。先构造一个邮件对象（Message Objecte），然后解析每一部分并解码。程序及说明如下：

```python
import poplib                                    #pop3 邮件对象
from email.parser import Parser                  #信息解析
from email.header import decode_header           #解析信息头
from email.utils import parseaddr                #邮件地址解析

#解析消息头中的字符串
def decode_str(s):
    value, charset = decode_header(s)[0]         #解析信息头
    if charset:
        value = value.decode(charset)
    return value

#将邮件附件保存至文件
def savefile(filename, data, path):
    try:
        filepath = path + filename
        print('Save as: ' + filepath)
        f = open(filepath, 'wb')
    except:
        print(filepath + ' open failed')
        #f.close()
    else:
        f.write(data)
        f.close()

#获取邮件的字符编码格式，先在 msg 中寻找编码，如果没有，再在 header 的 Content-Type 中寻找
def guess_charset(msg):
    charset = msg.get_charset()
    if charset is None:
        content_type = msg.get('Content-Type', '').lower()
        pos = content_type.find('charset=')
        if pos >= 0:
            charset = content_type[pos+8:].strip()
    return charset

#显示邮件信息，包括收件人、发件人、标题、邮件内容，保存邮件附件
def print_info(msg):
    for header in ['From', 'To', 'Subject']:         #查找收件人、发件人、标题信息
        value = msg.get(header, '')                   #获取 header 所示项的值
        if value:
            if header == 'Subject':
                value = decode_str(value)             #对标题直接解码
            else:
                #解析地址信息，返回 hdr 是收件人姓名，addr 是邮件地址
                hdr, addr = parseaddr(value)
                name = decode_str(addr)
                value = name + ' < ' + addr + ' > '
        print(header + ':' + value)
```

```python
        i=0
    for part in msg.walk():                    #获得信息中的每一个部分，如文本、HTML、附件是不同的部分
        filename = part.get_filename()     #获取子信息的文件名参数，如果没有返回 fail 对象
        content_type = part.get_content_type()   #获取信息类型如 text/plain, text/html 等
        #print("====",content_type,"===")
        charset = guess_charset(part)                      #获取编码格式
        if filename:                                       #有文件名，表明是附件
            filename = decode_str(filename)                #解码文件名
            data = part.get_payload(decode = True)         #获取信息内容并解码
            if filename != None or filename != '':
                print('Accessory: ' + filename)
                savefile(filename, data, mypath)           #保存附件
        else:
            email_content_type = ''
            content = ''
            if content_type == 'text/plain':               #内容类型：纯文本
                email_content_type = 'text'
            elif content_type == 'text/html':              #内容类型：网页
                email_content_type = 'html'
            if charset:
                    #获取正文内容并解码
                content = part.get_payload(decode=True).decode(charset)
            print(email_content_type + ' ' + content)

# main program
email = '*****@pop3.163.com'            #用户名（登录名）
password = '1234567'                    #密码
pop3_server = 'pop3.163.com'           #服务器地址
mypath = 'c://2013data/'               #本地保存文件的目录

server = poplib.POP3(pop3_server, 110) #创建 pop3 对象，连接服务器，端口号 110
print(server.getwelcome())             #显示欢迎信息
server.user(email)                     #传送用户名
server.pass_(password)                 #  传送密码
print('Message: %s. Size: %s' % server.stat())     #  显示状态信息

resp, mails, objects = server.list()   #获得邮件列表
#print(mails)
index = len(mails)                     #邮件数量
#取出某一个邮件的全部信息
resp, lines, octets = server.retr(index)           #获取最新邮件
#邮件取出的信息是 bytes, 转换成 Parser 支持的 str
lists = []                             #空列表
for e in lines:
    lists.append(e.decode())                       #对每一行解码并添加到列表中
msg_content = '\r\n'.join(lists)       #用'\r\n'连接列表内容
msg = Parser().parsestr(msg_content)   #构造解析字符串内容，构造邮件对象（Message object）
print_info(msg)
```

```
#server.dele(index)              #删除邮件第 index 封邮件

server.quit()                    #提交操作信息并退出
```

2. 使用 SMTP 协议发送邮件

简单邮件传输协议（Simple Mail Transfer Protocol，SMTP）是因特网上用于发送邮件的应用协议。Python 中可以使用 smtp 模块中的 SMTP 类完成邮件的发送工作。SMTP 类的有关函数如下：

- SMTP(host='', port=0,local_hostname=None[, timeout], source_address=None)，构造函数，其中主要参数 host 是发送邮件的服务器。
- login(user,password)，登录服务器。
- sendmail(from_addr, to_addr, msg, mail_option=[], rept_option=[])，发送邮件，关键参数是发信人地址 from_addr、收信人地址 to_addr 和邮件内容 msg(字符串)。
- send_message(msg, from_addr, to_addr)，以邮件对象（Message object）形式发送邮件。邮件对象的构造见下面的例子。
- quit()，注销，释放连接。

下面是一个发送邮件的系统,输入发件人地址、收件人地址、标题和正文内容，连续两次直接按回车键，发送邮件。

```
import smtplib     #邮件发送模块
import email        #邮件模块，构造邮件对象
def prompt(prompt):                  #通用输入函数
    return input(prompt).strip()  #strip()去掉两边的空格
fromaddr = prompt("From: ")     #输入发件人地址
toaddrs = prompt("To: ")          # 输入收件人地址
subject= prompt("Subject: ")    #输入标题
print("Enter message, end with continusly enter:")   #提示输入邮件内容

text=""
while True:
    try:
        line = input()              #输入邮件内容
    except EOFError:
        break                       #输入错误中断
    if len(line)==0:                #输入字符串长度为 0 中断（结束）
        break
    text = text + line+"\r\n"    #连接输入的字符串
#构造邮件对象msg
msg= email.message_from_string(text)
msg['Subject'] = subject        #设置邮件的标题
msg['From'] = fromaddr          #设置邮件的发件人
msg['To'] = toaddrs             #设置邮件的收件人
msg.set_charset('GB2312')       #  设置邮件编码格式

server = smtplib.SMTP('202.117.35.20') #创建 SMTP 对象，连接服务器(本地址为虚构)
user=fromaddr                   #用户地址
password="********"             #用户密码
server.login(user,password)     #登录服务器
```

```
server.send_message(msg,fromaddr, toaddrs)   #发送邮件
print("Send successfully.")       #发送成功
server.quit()                     #注销，终止连接
```

【运行结果】
```
From: 1234@ctec.edu.cn
To: 1234@ctec.edu.cn
Subject: 测试
Enter message, end with continusly enter:
春夜喜雨

Send successfully.
```

10.3　本　章　实　例

10.3.1　服务器和客户端交互计算

【例 10-1】使用基于 TCP 的 socket 套接字模块编写一个网络通信程序，实现客户与服务器的交互计算。其中，客户端将三角形的三个边长发给服务器，服务器计算出三角形的面积再把结果返回给客户端。

【解】在服务器端：①使用 socket 函数建立服务器端 socket 套接字对象 ss。②使用 ss 的 bind 函数与 IP 地址绑定。③使用 ss 的 listen 函数监听客户。④使用 ss 的 accept 函数等待客户的连接并获取客户端的 socket 套接字 cs。⑤使用 cs 的 sendall 函数向客户端发送欢迎信息。⑥使用 cs 的 recv 函数接收客户端发来的三个边长拼接的字符串 data，通过 data 的 split 分割出三个边长，计算三角形的面积 area，⑦再使用 cs 的 sendall 函数向客户端发送 area。⑧使用 cs 的 close 函数关闭客户端套接字。⑨使用 ss 的 close 函数关闭服务器端套接字。

在客户端：①使用 socket 函数建立客户端 socket 套接字对象 cs。②使用 cs 的 connect 函数与服务器建立连接。③使用 cs 的 recv 函数接收服务器的欢迎信息。④由键盘输入三个边长的值，并使用 cs 的 sendall 函数向服务器端发送三个边长拼接成的一个字符串值。⑤使用 cs 的 recv 函数接收服务器端发来的三角形面积置并显示。⑥使用 cs 的 close 函数关闭客户端套接字。

【程序代码】
（1）服务器端程序 server.py

```
from socket import *                      # 引入 socket 整个模块
from time import ctime                    # 引入 time 模块中的 ctime 函数
import math

HOST = ''                                 # 绑定的全部服务器 IP
PORT = 4700                               # 端口为 4700
BUFSIZ = 1024                             # 缓冲大小 1KB
ADDR = (HOST,PORT)

ss = socket(AF_INET, SOCK_STREAM,0)       # 建立 TCP 套接字
```

```python
ss.bind(ADDR)                                    # 套接字与 IP 绑定
ss.listen(20)                                    # 最大连接数为 20

while True:
    print('等待客户连接...\r\n')
    cs,caddr = ss.accept()                       # 等待与接收客户端套接字
    print('...连接来自于: ', caddr)

    data='欢迎你的到来!\r\n'
    cs.sendall(bytes(data,'UTF-8'))              # 向客户端发送欢迎信息
    data = cs.recv(BUFSIZ).decode('UTF-8')       # 接收客户端发送的信息
    if not data:
        break
    print('三角形三边长为: ',data)
    sides=data.split(' ')
    a=float(sides[0])
    b=float(sides[1])
    c=float(sides[2])
    s=(a+b+c)/2
    area=math.sqrt(s*(s-a)*(s-b)*(s-c))
    cs.sendall(bytes(''+str(area),'UTF-8'))      # 向客户端发送新的信息

    cs.close()                                   # 关闭客户端套接字

ss.close()                                       # 关闭服务器端套接字
```

（2）客户端程序 client.py

```python
from socket import *                             # 引入 socket 整个模块

HOST = '127.0.0.1'                               # 连接的服务器 IP
PORT = 4700                                      # 端口为 4700
BUFSIZ = 1024                                    # 缓冲大小 1KB
ADDR = (HOST, PORT)

cs = socket(AF_INET, SOCK_STREAM,0)              # 建立 TCP 套接字
cs.connect(ADDR)                                 # 连接到服务器端套接字

data = cs.recv(BUFSIZ).decode('UTF-8')           # 接收服务端发送的欢迎信息
if data:
    print(data)

a =float(input("请输入边长 1: "))               # 输入边长 a
b =float(input("请输入边长 2: "))               # 输入边长 b
c =float(input("请输入边长 3: "))               # 输入边长 c

data = ''+str(a)+' '+str(b)+' '+str(c)
if data:
    cs.sendall(bytes(data,'UTF-8'))              # 向服务端发送新的信息
```

```
data = cs.recv(BUFSIZ).decode('UTF-8')                    # 接收服务端发送的信息
if data:
    print("三角形面积= ",data)

cs.close()                                                # 关闭客户端套接字
```

【运行结果】

服务器端：
等待客户连接...
...连接来自：('127.0.0.1', 48635)
三角形三边长为：3.0 4.0 5.0

等待客户连接...

客户端：
欢迎你的到来！
请输入边长 1：3
请输入边长 2：4
请输入边长 3：5
三角形面积= 6.0

　　　　如果在一台计算机上测试上述程序，请启动两次 Python 的 IDLE GUI，分别新建 server 程序和 client 程序。

　　【扩展思考】请修改服务器端程序，先判断三个边长是否能构成三角形，当符合条件时再计算三角形面积并将面积置返回客户端；不符合时返回客户端"无法构成三角形"的信息。

10.3.2　获取网页并统计网页中的链接数

　　【例 10-2】使用 urllib 模块访问某一个网址并判断得到的网页中存在多少个网页链接和图片链接。

　　【解】①使用 input 输入任意一个网址到 url 变量。②使用 urlopen 函数打开这个网址，建立应答对象 res。③使用 res 的 read 函数读取网页资源。④使用 re 模块的 compile 函数建立网页链接正则表达式 "a href=\"(.+?)\"" 的对象 linkPattern。⑤使用 linkPattern 的 findall 函数获得全部网页链接的列表 links。⑥使用 links 的 len 函数获得网页链接的数量并显示。⑦使用 re 模块的 compile 函数建立部图片链接正则表达式 "imgsrc=\"(.+?)\"" 的对象 imagePattern。⑧使用 imagePattern 的 findall 函数获得全部部图片链接的列表 images。⑨使用 images 的 len 函数获得部图片链接的数量并显示。

　　【程序代码】

```
import sys                                                # 引入系统模块
import urllib.request                                     # 引入 web 模块
import re                                                 # 引入正则表达式模块

url =input("Please input one url: ")                      # 输入网址
res=urllib.request.urlopen(url)                           # 打开网址
html=res.read()                                           # 读网页资源
details = html.decode('gbk')                              # 网页编码
linkPattern = re.compile("a href=\"(.+?)\"")              # 网页链接正则表达式
```

```
links=linkPattern.findall(details)                      # 获取全部网页链接
print("网页链接总数= ",len(links))                      # 获取网页链接数量

imagePattern = re.compile("imgsrc=\"(.+?)\"")           # 图片链接正则表达式
images=imagePattern.findall(details)                    # 获取全部图片链接
print("图片链接总数= ",len(images))                     # 获取图片链接数量
```

【运行结果】

```
Please input one url: http://www.edu.cn
网页链接总数= 495
图片链接总数= 33
```

【扩展思考】修改程序，进一步将得到的每个网页链接文件和图片链接文件保存到本地文件中。

习 题 10

一、选择题（多选）

1. socket 为网络插槽，可以表示（　　　）。

    A. 网络通信的两端　　　　　　　　　B. 网络通信的某一端

    C. 网络通信中的主机和端口的组合　　D. 网络通信的服务器端

2. HTTP 是一种网络应用层协议，它的作用是（　　　）。

    A. 进行网址的表示　　　　　　　　　B. 仅能进行文本的传输

    C. 进行超文本的传输　　　　　　　　D. 与 FTP 功能类似，仅用于传输文件

3. urllib 模块的主要函数是（　　　）。

    A. urlopen()　　　　B. urlretrieve()　　　　C. quote()

    D. unquote()　　　　E. read()

4. poplib 模块的主要函数是（　　　）。

    A. user()　　　　　B. open()　　　　　　C. pass_()

    D. retr()　　　　　E. close()

5. 使用 socket 模块开发通信程序中服务器端涉及函数（　　　）。

    A. socket()　　　　B. bind()　　　　　C. listen()　　　　D. accept()

    E. sendall()　　　　F. recv()　　　　　G. close()

二、编程题

1. 编写网络通信程序，实现客户端和服务器端的聊天功能，任何一方发送"BYE"表示结束。

2. 编写一个网络通信程序，服务器端随机出一道小学四位数算术四则运算题，由客户端回答，服务器端判断正确与否。

3. 编写一个网络通信程序，服务器端接收客户端发来的远端时间，并与自己的时间比较，返回两端的时间差。

4. 编写一个网络通信程序，输入任何一个网址，都可以获取该网址的内容，并保存到本地的一个文件中。

5. 编写一个接收邮件的程序，用户选择邮件服务提供商（如 sina、qq、163 等），输入用户名和密码，连接服务器接收最新的邮件并显示。如果有附件，保存在文件中。

附表 1   ASCII 字符表

符 号	十进制数	八进制数	十六进制数	符 号	十进制数	八进制数	十六进制数
NUL 空字符（Null）	0	0	0H		29	35	1DH
	1	1	1H		30	36	1EH
	2	2	2H		31	37	1FH
	3	3	3H	空格符	32	40	20H
	4	4	4H	!	33	41	21H
	5	5	5H	"	34	42	22H
	6	6	6H	#	35	43	23H
BEEP 响铃	7	7	7H	$	36	44	24H
退格	8	10	8H	%	37	45	25H
'\t'水平制表符	9	11	9H	&	38	46	26H
'\n'换行	10	12	AH	'	39	47	27H
'\v'垂直制表符	11	13	BH	(	40	50	28H
'\f'换页	12	14	CH	)	41	51	29H
'\r'回车	13	15	DH	*	42	52	2AH
shift out	14	16	EH	+	43	53	2BH
shift in	15	17	FH	,	44	54	2CH
	16	20	10H	-	45	55	2DH
	17	21	11H	.	46	56	2EH
	18	22	12H	/	47	57	2FH
	19	23	13H	0	48	60	30H
	20	24	14H	1	49	61	31H
	21	25	15H	2	50	62	32H
	22	26	16H	3	51	63	33H
	23	27	17H	4	52	64	34H
取消	24	30	18H	5	53	65	35H
	25	31	19H	6	54	66	36H
	26	32	1AH	7	55	67	37H
ESC	27	33	1BH	8	56	70	38H
	28	34	1CH	9	57	71	39H

续表

符　号	十进制数	八进制数	十六进制数	符　号	十进制数	八进制数	十六进制数
:	58	72	3AH	]	93	135	5DH
;	59	73	3BH	^	94	136	5EH
<	60	74	3CH	_	95	137	5FH
=	61	75	3DH	`	96	140	60H
>	62	76	3EH	a	97	141	61H
?	63	77	3FH	b	98	142	62H
@	64	100	40H	c	99	143	63H
A	65	101	41H	d	100	144	64H
B	66	102	42H	e	101	145	65H
C	67	103	43H	f	102	146	66H
D	68	104	44H	g	103	147	67H
E	69	105	45H	h	104	150	68H
F	70	106	46H	i	105	151	69H
G	71	107	47H	j	106	152	6AH
H	72	110	48H	k	107	153	6BH
I	73	111	49H	l	108	154	6CH
J	74	112	4AH	m	109	155	6DH
K	75	113	4BH	n	110	156	6EH
L	76	114	4CH	o	111	157	6FH
M	77	115	4DH	p	112	160	70H
N	78	116	4EH	q	113	161	71H
O	79	117	4FH	r	114	162	72H
P	80	120	50H	s	115	163	73H
Q	81	121	51H	t	116	164	74H
R	82	122	52H	u	117	165	75H
S	83	123	53H	v	118	166	76H
T	84	124	54H	w	119	167	77H
U	85	125	55H	x	120	170	78H
V	86	126	56H	y	121	171	79H
W	87	127	57H	z	122	172	7AH
X	88	130	58H	{	123	173	7BH
Y	89	131	59H	|	124	174	7CH
Z	90	132	5AH	}	125	175	7DH
[	91	133	5BH	~	126	176	7EH
\	92	134	5CH	删除	127	177	7FH

Python 常用内置函数

abs(x)，求绝对值。参数可以是整型，也可以是复数。若参数是复数，则返回复数的模

all(iterable)，集合中的元素都为 True 的时候返回 True，若为空串返回为 True。

```
datalist=[2015,9,18,21,56]
if all(x>0 for x in datalist):
    print("all elements in dataset1 are positive.")
else:
    print("not all element in dataset1 is positive.")
```

any(iterable)，集合中的元素只要有一个为真时即为真，若为空串返回为 False。

bin(x)，将整数 x 转换为二进制字符串。

bool([x])，将 x 转换为 Boolean 类型。

chr(i)，返回整数 i 对应的 ASCII 字符。

complex([real[, imag]])，创建一个复数。

dir([object])，没有参数时返回当前局部范围内的名字的列表。有参数时，返回对象的有效属性列表。

divmod(a, b)，a 除以 b 的商和余数。整型、浮点型都可以。

eval(expression, globals=None, locals=None)，计算表达式 expression 的值，或执行代码对象，globals，locals 指定名字空间。

exec(object[, globals[, locals]])，动态执行 Python 代码，object 是字符串或代码对象，若是字符串，应是语句。如：exec("print(3+4)")。globals、locals 指定名字空间。

float([x])，将一个字符串或数转换为浮点数，如果无参数将返回 0.0。

globals()，返回一个描述当前全局符号表的字典。

hasattr(object, name)，判断对象 object 是否包含名为 name 的特性。

hex(x)，将整数 x 转换为十六进制字符串。

id(object)，返回对象的唯一标识。

int([x[, base]])，将一个字符转换为 int 类型，base 表示进制。

isinstance(object, classinfo)，判断 object 是否是 classinfo 的实例。

len(s)，返回集合长度。

locals()，返回当前的变量列表。

long([x[, base]])，将一个字符转换为 long 类型。

map(function, iterable, ...)，对可迭代对象 iterable 中的每个元素，执行 function 操作，结果形

成一个迭代器。如果函数需要多个参数，则有多个可迭代对象作为参数。

max(iterable[, args...][key])，返回集合中的最大值。

min(iterable, *[, key, default])，返回集合中的最小值。

min(arg1, arg2, *args[, key])，返回可迭代对象或多个参数的最小值。key 可指定一个参数的排序函数，如：

```
def sortby(x):
    return x[0]
print(min('array', 'range', key=sortby))
```

next(iterator[, default])，获得迭代器的下一个元素。

oct(x)，将一个数字转化为八进制字符串。

pow(x, y[, z])，返回 x 的 y 次幂，有 z 时返回 x**y%z。

range([start], stop[, step=1])，产生一个序列，默认从 0 开始，间隔为 1。

round(x[, n=0])，四舍五入到小数点后 n 位数字。

sorted(iterable[, key][, reverse])，返回可迭代对象元素的有序列表，key 指定一个一个参数的函数作为排序依据，reverse 指定排序顺序，默认 reverse=False。

str([object])，将对象转换为 string 类型，如 str(123)，将整数转为字符串。

sum(iterable [, start=0])，返回可迭代对象 iterable 各项的和再加上 start。

type(object)，返回该 object 的类型。

vars([object])，返回模块、类、实例或其他对象的__dict__属性（字典）。

zip(*iterables)，返回一个元组的迭代器，第 i 个元组由各迭代对象的第 i 个元素组成。

```
>>> x = [1, 2, 3]
>>> y = [4, 5, 6]
>>> zipped = zip(x, y)
>>> list(zipped)
[(1, 4), (2, 5), (3, 6)]
```

random 随机数模块的函数

　　该模块实现各种分布的伪随机数产生器。导入方法为 import random。

　　random.seed(a=None, version=2)，初始化随机数产生器，a 省略时用系统时间初始化。a 通常是整数。version=2 时用整数初始化，version=1 时用 a 的 hash 值初始化。

　　random.randrange(start, stop[, step])，返回从 range(start, stop, step)中随机选择的元素。

　　random.randint(a, b)，返回随机整数 N，a <= N <= b。

　　random.choice(seq)，从非空序列的元素中随机挑选一个元素。

　　random.shuffle(x[, random])，随机排列序列 x 中的元素，可选参数是返回[0.0,1.0)之间随机数的函数，默认是 random()。

　　random.sample(population, k),从序列 population 中随机选择不重复的 k 个元素，结果为列表。

　　random.random()，返回[0.0,1.0）之间的随机数。

　　random.uniform(a, b),返回随机浮点数 N，a<=N<=b，如果 a<=b；b<=N<=a 如果 b<a。

　　random.triangular(low, high, mode)，返回随机浮点数 N，low <= N <= high。边界默认值为 0,1,mode 默认值为边界的中点，是对称分布。

　　random.betavariate(alpha, beta)，Beta 分布，alpha>0 ，beta>0 返回值在 0 和 1 之间。

　　random.expovariate(lambd)，指数分布，lambd 是期望值的倒数，应非 0。

　　其他的分布还有：高斯分布、对数分布、正态分布、Pareto 分布、Weibull 分布等。

time 模块包含处理时间的函数。模块导入方法为：import time。
time 中的函数见附表 2。

附表 2　　　　　　　　　　　　　　时间函数

函　数　名	功　　能	实　　例
time.time()	获取当前时间（单位为秒）	>>> time.time() 1442499193.473158
time.ctime([secs])	把秒数换为日期时间字符串。默认为当前时间	>>> time.ctime() 'Thu Sep 17 22:14:36 2015'

time.gmtime([secs])	将秒数转换为 struc_time 对象（UTC 时间，即原来的格林威治时间），默认为当前时间	>>> t1=time.gmtime()
		>>> t1.tm_year
		2015

time.localtime([secs])	将秒数转换为 struc_time 对象（本地时间），默认为当前时间	>>> t1=time.localtime()
		>>> t1.tm_hour
		22

time.strptime(string[,format])	将字符串转换为 struc_time 对象（本地）	>>> time.strptime("2015 sep 17 22","%Y %b %d %H") time.struct_time(tm_year=2015, tm_mon=9, tm_mday=17, tm_hour=22, tm_min=0, tm_sec=0, tm_wday=3, tm_yday=260, tm_isdst=-1)
time.mktime(t)	将 struct_time 对象转换为本地时间秒	>>> time.mktime(time.localtime()) 1442500256.0
time.strftime(formta[,t])	将 struct_time 对象转换为字符串	>>> time.strftime("%Y 年%m 月%d 日-%H 点%M 分%S 秒",time.localtime()) '2015 年 09 月 17 日-22 点 35 分 02 秒'
time.sleep(secs)	当前线程休眠 secs 秒	>>> time.sleep(2)#休 2 秒

struct_time 的结构：

time.struct_time(tm_year=2015, tm_mon=9, tm_mday=17, tm_hour=14, tm_min=16, tm_sec=38, tm_wday=3, tm_yday=260, tm_isdst=0)

日期格式化字符串

%y 两位数的年份表示（00-99）　　%B 本地完整的月份名称

%Y 四位数的年份表示（000-9999）　%c 本地相应的日期表示和时间表示

%m 月份（01-12）　　%j 年内的一天（001-366）

%d 月内中的一天（0-31）　　%p 本地 A.M.或 P.M.的等价符

%H 24 小时制小时数（0-23）　　%U 一年中的星期数（00-53）星期天为星期的开始

%I 12 小时制小时数（01-12）　　%w 星期（0-6），星期天为星期的开始

%M 分钟数（00-59）　　%W 一年中的星期数（00-53）星期一为星期的开始

%S 秒（00-59）　　%x 本地化的日期表示

%a 本地简化星期名称　　%X 本地化的时间表示

%A 本地完整星期名称　　%Z 当前时区的名称

%b 本地简化的月份名称　　%% %号本身

datetime 模块包含表示日期的 date 对象，表示时间的 time 对象、表示日期和时间的 date time 对象以及表示日期、时间差的 timedelta 对象。

设模块导入方法为：import datetime。

1. date 对象

```
datetime.date(year,month,day)        #构造方法，可指定日期
datetime.date.today()                #获得 date 对象（当日）
d.year                               #属性，返回年，d 为 date 类对象，下同
d.month                              #属性，返回月
d.day                                #属性，返回日
d.toordinal()                        #方法，返回从 1/1/1 开始的天数
d.weekday()                          #方法，返回星期，0-6，星期一的值为 0
d.isoweekday()                       #方法，返回星期，1-7，星期一的值为 1
d.isocalendar()                      #返回日历元组（年，周号，星期几），如(2015, 38, 4)
d.isoformat()                        #返回 ISO 日期字符串，如'2015-09-17'
```

2. time 对象

datetime.time(hour=0,minute=0,second=0,microsecond=0,tzinfo=None)#time 对象的构造函数

t.hour, t.minute, t.second, t. microsecond　　#属性，返回 time 对象的时、分、秒、微秒

t.strftime(fotmat) #转换为格式化字符串，如：

```
>>> t=datetime.datetime.today().time()   #获得当前时间的 time 对象
>>> t.strftime("%H:%M:%S")               #转化为格式化字符串
'11:02:56'
```

3. timedelta 对象（时间差对象）

timedelta 对象表示两个日期或时间之间差。

```
datetime.timedelta(days=0, seconds=0, microseconds=0, milliseconds=0, minutes=0,
hours=0,weeks=0)                     #构造函数
td.days,td.seconds, td.microseconds  #属性，获得天数、秒数和微秒数，其中设 td 为 timedelta 对象
```

timedelta 对象可以进行加、减、乘运算，返回 timedelta 对象。

timedelta 进行比较运算，返回布尔值。

4. datetime 对象

```
datetime.datetime(year,month,day,hour=0,minute=0,second=0,microsecond=0,tzinfo=None)
                                     #datetime 类的构造函数
```

```
datetime.datetime.today()              #获得 datetime 对象、本地时间
datetime.datetime.now(tz=None)         #获得 datetime 对象、本地时间, 可指定时区
datetime.datetime.utcnow()             #获得 datetime 对象, UTC 时间
datetime.datetime.fromordinal(ordinal) #获得从 1/1/1 开始 ordinal 天后的 datetime 对象
dt.year, dt.month, dt.day, dt.hour, dt.minute,dt.second, dt.microsecond
                  #属性, 分别获得 datetime 对象 dt 的年、月、日、时、分、秒和微秒
dt.date()                              #返回 date 对象
dt.time()                              #返回 time 对象
dt.timetuple(), dt.utctimetuple()      #返回 struct_time 对象
dt.toordinal()                         #方法, 返回从 1/1/1 开始的天数
dt.weekday()                           方法, 返回星期, 0-6, 星期一的值为 0
dt.isoweekday()                        #方法, 返回星期, 1-7, 星期一的值为 1
dt.isocalendar()                       #返回日历元组（年, 周号, 星期几）, 如(2015, 38, 4)
dt.isoformat()                         #返回 ISO 日期字符串, 如'2015-09-18T10:48:14.983386'
dt.ctime()                             #返回日期时间字符串, 如'Fri Sep 18 10:48:14 2015'
dt.strftime (fotrmat) #转化为格式化字符串, 如 dt.strftime("%m/%d/%Y")结果为'09/18/2015'
```

5. date 和 datetime 对象支持的运算

日期 1-日期 2, 返回 timedelta 对象。

日期+时间差, 返回日期对象。

日期-时间差, 返回日期对象。

日期对象进行比较, 返回布尔值。

OS 和 shutil 模块的常用文件系统操作

1．OS 模块

OS 模块包含使用文件描述符来访问文件的相关函数。设模块使用 import os 导入，相关函数见附表 3。

附表 3　　　　　　　　　　　　　OS 模块的常用函数

函 数 名	功 能	实 例
os.mkdir(path, mode=0o777, *, dir_fd=None)	创建目录 path	os.mkdir("c:\\program")
os.chdir(path)	切换当前工作目录	os.chdir("c:\\data")
os.remove(path, *, dir_fd=None)	删除文件	os.remove("c:\\data\\a.py")
os.rmdir(path, *, dir_fd=None)	删除文件夹	os.remove(""c:\\program)

os.listdir(path)	返回 path 下文件和文件夹的列表	print(os.listdir("."))#当前文件夹
		print(os.listdir('..'))#上一级文件夹
		print(os.listdir("c:\\data"))

os.path.split(path)	把 path 分成两部分，路径和文件名组成的元组	os.path.split("abc/de.txt") #结果为('abc', 'de.txt')
os.path.splitext(filename)	把文件名分成文件名称和扩展名	os.path.splitext(abc/abcd.txt) #结果为('abc/abcd', '.txt')
os.walk(path)	遍历 path，返回一个对象，它的每个部分都是一个三元组 ('目录 x',[目录 x 下的目录 list]，目录 x 下面的文件)	a = os.walk('.') for i in a: 　　print （i）
os.getcwd()	获取当前工作目录	print(os.getcwd())
os.rmdir('dirname')	删除单级空目录，若目录不为空则无法删除，报错	os.rmdir('c:\\tmp')
os.rename("oldname","newname")	重命名文件/目录	os.rename("c:\\tmp","c:\\python")
os.path.exists(path)	如果 path 存在，返回 True；如果 path 不存在，返回 False	
os.path.isfile(path)	如果 path 是一个存在的文件，返回 True。否则返回 False	
os.path.isdir(path)	如果 path 是一个存在的目录，则返回 True。否则返回 False	
os.path.isabs(path)	如果 path 是绝对路径，返回 True	
os.path.getsize(path)	返回 path 的大小（字节）	

续表

函　数　名	功　　能	实　　例
os.path.getatime(path)	返回 path 所指向的文件或者目录的最后存取时间. 返回的值是一个从新纪元开始的秒数	
os.path.getmtime(path)	返回 path 所指向的文件或者目录的最后修改时间. 返回值是一个从新纪元开始的秒数	
os.path.getctime(path)	返回 path 的创建时间。在一些系统上(像 Unix) 是最后改变的时间，在其他一些系统上(像 Windows)是 path 创建的时间。返回值是一个从新纪元开始的秒数	
os.system("command")	执行系统命令 command	os.system("dir") #返回当前目录下的文件及文件夹 os.system("calc.exe") #启动计算器程序。

2.　shutil 模块

shutil 模块包括一系列高级文件和文件集合的操作。导入方法为：import shutil，相关函数见附表 4。

附表 4　　　　　　　　　　　　　　　shutil 模块的常用函数

函数名	功能	实例
shutil.copy(src,dst)	复制一个文件到一个文件或一个目录中（保留文件权限但不保留创建时间等属性）	shutil.copy("c:\\tmp\\a.py","c:\\python")
shutil.copy2(src,dst)	复制一个文件到一个文件或一个目录中,尽可能保留文件的元数据(如创建、修改时间等）	shutil.copy("c:\\tmp\\a.py","c:\\python")
shutil.copytree(src, dst, symlinks=False, ignore=None, copy_function=copy2, ignore_dangling_symlinks = False)	拷贝目录树 src 到 dst，其中 ignore 用于指定忽略的文件	shutil.copytree("c:\\data", "d:a2015") #其中的源和目标均为文件夹
shutil .move(src, dst)	将文件或目录移动到 dst	shutil.move("c:\\tmp", "c:\\python")
shutil.rmtree(path, ignore_errors=False, onerror=None)	删除目录树	shutil.rmtree("c:\\tmp") #其中 tmp 为目录名
shutil.disk_usage(path)	显示磁盘使用情况（总数、已用、可用，大），单位为字节	shutil.disk_usage("c:")
shutil.make_archive(base_name, format[, root_dir[, base_dir[, verbose[, dry_run[, owner[, group[, logger]]]]]]])	创建压缩文件, base_name 是目标文件名(含路径,不包括扩展名); format 是文件类型, 如 "zip","tar", "bztar" 或 "gztar"；root_dir 压缩的根目录。base_dir 为开始压缩的目录; root_dir 和 base_dir 默认都是当前目录	shutil.make_archive("tmp21" ,'zip',root _dir="c:\\2013data",base_dir="tmp2\\") #将 c:\\2013data\\tmp2 文件夹下的所有文件压缩到当前文件夹（ c:\\python34）下的 tmp21.zip 文件中
shutil.**unpack_archive**(filename[, extract_dir[, format]])	解压文件。filename 是压缩文件名；extract_dir 是解压的目标目录；format 是压缩文件类型, 没有时使用 filename 的扩展名	shutil.unpack_archive("tmp21.zip")　#解压到当前路径（ c:\\python34）下

[1] 江红，余青松. Python 程序设计教程. 北京：清华大学出版社，北京交通大学出版社，2014.

[2] Jason Briggs. 趣学 Python 编程. 尹哲，译. 北京：人民邮电出版社，2014.

[3] 赵英良，仇国巍，夏琴，等. C++程序设计教程. 北京：清华大学出版社，2013.

[4] 赵英良，夏秦，仇国巍，等. 大学计算机基础. 4 版. 北京：清华大学出版社，2011.

[5] Chun, Wesley J. Python 核心编程. 2 版. 宋吉广，译. 北京：人民邮电出版社，2008.

www.ingramcontent.com/pod-product-compliance
Lightning Source LLC
LaVergne TN
LVHW071516180726
843512LV00014B/1090